# 问题户型
# 改造全书

理想·宅◎编

海峡出版发行集团 | 福建科学技术出版社
THE STRAITS PUBLISHING & DISTRIBUTING GROUP | FUJIAN SCIENCE & TECHNOLOGY PUBLISHING HOUSE

图书在版编目(CIP)数据

问题户型改造全书 / 理想·宅编 .—福州：福建科学技术出版社，2018. 4
ISBN 978-7-5335-5527-6

Ⅰ .①问… Ⅱ .①理… Ⅲ .①室内装饰设计 Ⅳ .①TU238.2

中国版本图书馆 CIP 数据核字（2018）第 014811 号

书　　名　问题户型改造全书
编　　者　理想·宅
出版发行　海峡出版发行集团
　　　　　福建科学技术出版社
社　　址　福州市东水路76号（邮编350001）
网　　址　www.fjstp.com
经　　销　福建新华发行（集团）有限责任公司
印　　刷　福建地质印刷厂
开　　本　700毫米×1000毫米　1/16
印　　张　8
图　　文　128码
版　　次　2018年4月第1版
印　　次　2018年4月第1次印刷
书　　号　ISBN 978-7-5335-5527-6
定　　价　39.80元

# 前言

PREFACE

想要拥有舒适的家居环境，好的格局是首先应满足的条件，即使是简单的刷墙、铺地式的装修，只要有好的格局，搭配适合的软装，也一样会让人身心愉悦；反之，即使装饰得再华丽，如果房子的格局不好，也会让人越住越感到压抑。

在进行家居装修时，改变户型中存在的各种问题，使整体格局更符合自己及家人的使用需求，是首先要考虑的事情。这些格局方面的问题是可以通过一些手段来解决的，例如拆除无用隔墙、使用透光材质的间隔、巧借临近空间的面积等手法，都可以改变户型中的问题。

本书由理想·宅倾力打造，总结了家用户型中的常见问题，包括袖珍小户型、格局不合理的户型、采光差的户型、过于狭长的户型、存在无法利用的小空间的户型以及储物空间不足的户型等，并将它们作为章节划分的依据，具有针对性地讲解不同类型问题户型的各种解决方法。

具体内容编写上，首先通过平面户型图的对比让读者明了问题户型改造前后的区别，同时结合改造部位的实景图，解析改造上的细节处理，并介绍一些改造的小技巧，通过轻松、简洁的版面呈现出来，力求全面而系统地讲解问题户型的改造。

CONTENTS

## 03 破解户型问题  房间采光差，白天也昏暗

## 04 破解户型问题 四 空间太狭长，导致比例失衡



## 05 破解户型问题 五 畸零小空间，面积小难利用



## 06 破解户型问题 六 收纳空间不足，物品无处安放

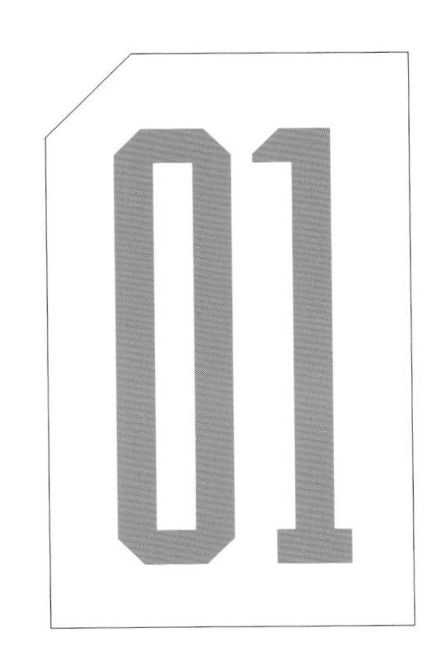

# 破解户型问题一

# 面积太袖珍，难以满足需求

现在的年轻人更追求独立自主，所以小户型也逐渐增多。常见的小户型面积为 20~50 平方米，却要摆放沙发、床、餐桌椅等家具，同时还要具备卫生间和厨房的功能。然而实际上，很多小户型的结构同时满足这些使用功能就已经非常困难，若有其他诉求就很难实现。为了让“小麻雀”五脏俱全，除了常见的砸掉隔墙用软隔断分区的方式外，还可以通过增加夹层、使用折叠门、改变建筑构建结构等方式来扩大小户型的容量，以充分满足使用需求。

# 状况一 房间超高，但是面积不够用

## 户型基本参数

**整体面积**：31 平方米

**横向长度**：8.6 米

**纵向宽度**：3.6 米

**层高（毛坯）**：4.2 米

## 状况描述

整体面积仅有 31 平方米，呈长条形，现有面积无法满足业主同时拥有客厅、餐厅、睡眠区及储物区的使用需求。

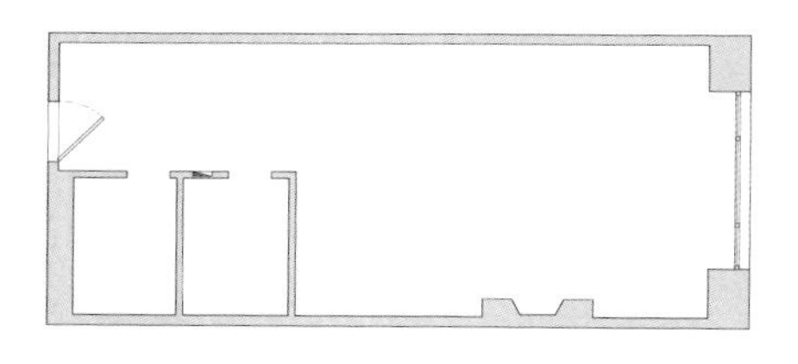

原始平面图

增加一半夹层扩大面积，二楼作卧室

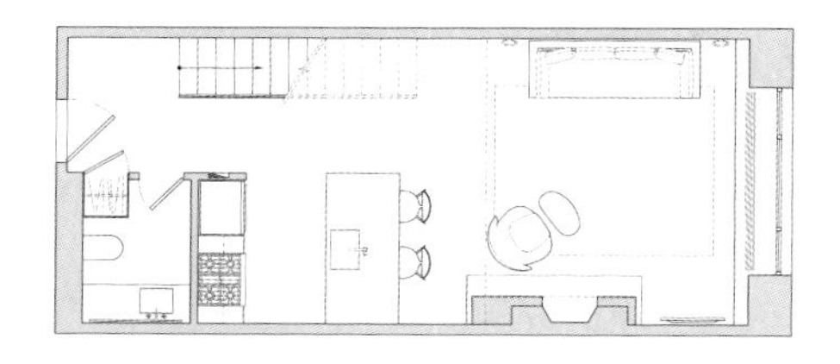

改造后一层平面图

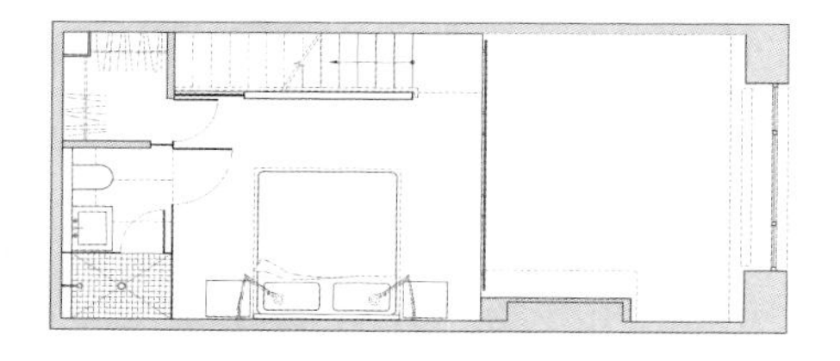

改造后二层平面图

1. 由于单层的面积不能够满足使用需求，设计师决定利用超高的房高加隔层来扩大面积，但 4.2 米的房高若分为完整的两层二楼则无法舒适地使用，最后决定只增加一半的夹层，既能满足需求，又不会显得过于压抑。

2. 靠窗的部分为了维持现有的采光，保留了现有的高度，将夹层设计在另一半的空间上。

3. 原有厨房面积过小，将隔墙敲掉后让厨房开敞，增加了一组橱柜，使之能够同时满足洗、切、炒的使用需求，并与餐厅合并。

4. 楼梯入口面向入户门，从整体布局来讲，走动更方便。

## 改造 案例解析 Case analysis

夹层隔断使用磨砂玻璃

夹层磨砂玻璃隔断

隔墙保留了一小部分

岛台安置洗菜盆的同时兼具餐桌功能

### 改造小技巧

1. 夹层的立面没有采用实体墙，而是采用高1.2米的磨砂玻璃来代替隔墙，透光不透影，保证了隐私，又让夹层区域白天有充足的光照。

2. 厨房隔墙敲掉时保留了一部分，宽度与冰箱相同，可以将冰箱和橱柜包裹进去，显得更规整。平行摆放的岛台做成了吧台的形式，除了解决洗菜盆无处安装的问题外，还同时可充当餐桌。

# 状况二 虽然面积小，却想要五脏俱全

## 户型基本参数

**整体面积**：53 平方米

**横向长度**：15.1 米

**纵向宽度**：3.5 米

**层高（毛坯）**：2.8 米

## 状况描述

整体面积仅有 53 平方米，呈长条形，入户门在中间偏左一点的位置，仅有卫生间有隔墙，但却占据了较为中间的位置。虽然户型面积小窗的面积却很大，采光非常好。改造难度在于，业主想要比较全面且独立的功能区，包括独立的玄关、客厅、餐厅、厨房以及卧室，卫生间不计划挪动。

## 改造方案

通过加建隔墙，分隔出独立功能区

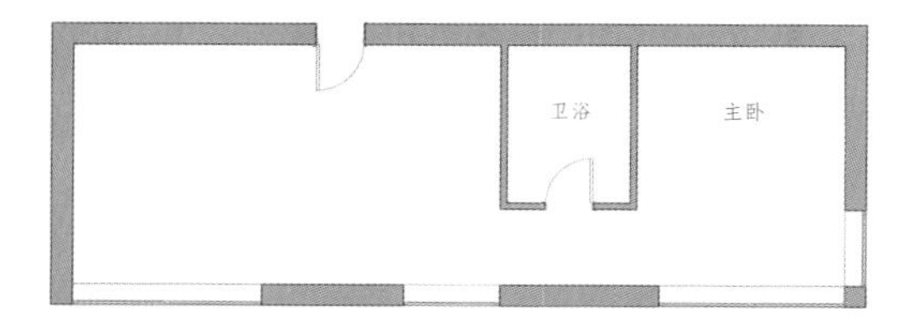


原始平面图

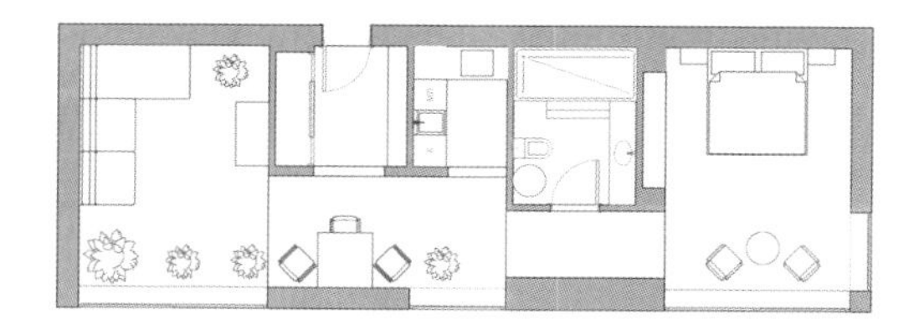

改造后平面图

## 改造细节 Renovation

1. 因为卫生间不打算挪动，从管道走向的方便性来设计，厨房紧邻卫生间，用隔墙间隔，门口开敞，墙的长度较卫生间短一些，预留空间给餐厅。

2. 将大门周围划分为玄关区，宽度以鞋柜宽度为准，同样用隔墙间隔出空间，长度同厨房，通向室内的门口做成哑口。

3. 最左侧的剩余空间，作为客厅使用，电视墙定为玄关的隔断墙，其余部分开敞。

4. 餐厅使用小餐桌，摆放在玄关和厨房预留出的空间中，同时作为交通空间使用。

## 改造 案例解析
## Case analysis

玄关隔墙宽度同鞋柜

用不同地材分区

### 改造小技巧

1.空间很拥挤，若玄关隔墙占据太多空间，客厅就只能摆放沙发无法摆放电视机，所以玄关隔墙仅从门口开始延续出一个鞋柜的宽度。

2.卫生间和卧室属于比较私密的区域，但为了让整体看起来更宽敞，没有安装门，仅在地面上用不同的材质铺贴来划分区域。

# 状况三 想要挑高客厅，还想要睡眠区

## 状况描述

这是一个长而高的户型，只有门口的卫生间有隔墙，由于整体面积很小，需要布置客厅、玄关、厨房、餐厅和卧室，就需要加多一层。但业主喜欢挑高式的客厅，觉得夹层太压抑。

## 户型基本参数

**整体面积**：28 平方米
**横向长度**：7.5 米
**纵向宽度**：3.7 米
**层高（毛坯）**：4.3 米

原始平面图

加设一半面积的夹层，作为睡眠区

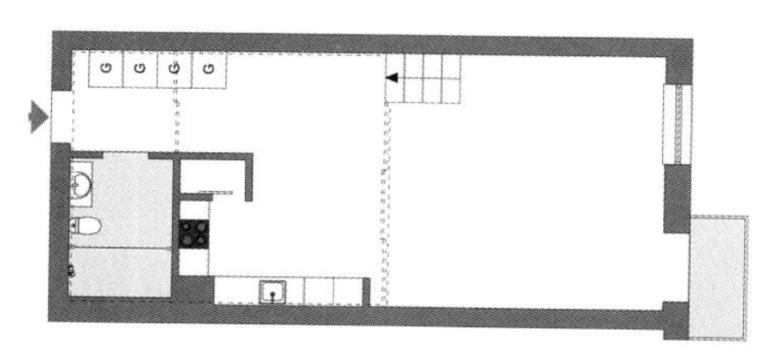

改造后一层平面图

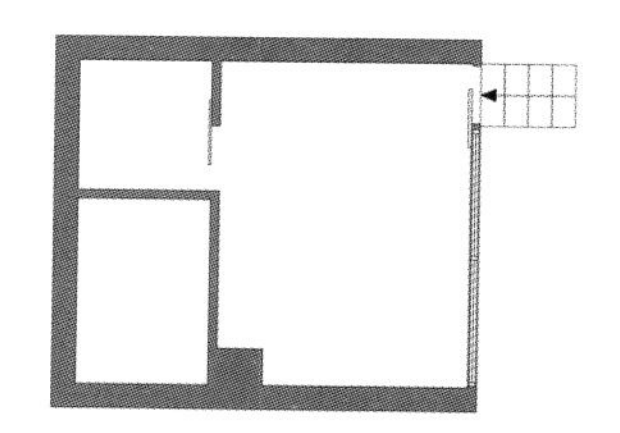

改造后夹层平面图

## 改造细节 Renovation

1. 为了同时满足家居中玄关、挑高客厅、餐厅、厨房以及睡眠区的需求，仅选择一半的面积，做成了夹层。

2. 卫生间墙外侧有一根柱子，设计师围绕它摆放橱柜，将其包裹起来，使其变得不再突出。

3. 沿着卫生间门一侧的墙，用隔墙延长了一段距离，将炉灶部分的侧面包裹起来，让人感觉更卫生的同时还增加了一个小的储物区。

4. 夹层空间除了睡眠区外，还将一层卫生间的楼上也做成了卫生间，供卧室使用，同时还间隔出了一个小的储物间。

## 改造 案例解析 Case analysis

夹层立面使用钢化玻璃

踏步仅留平面舍弃立面

间隔出主卫及储物间

### 改造小技巧

1. 为了满足挑高客厅的设计，夹层仅设计了一半的面积，并采用钢结构主体，立面搭配钢化玻璃，既保证了采光，又增加了时尚感。且楼梯踏步仅使用平板，舍弃了立板，看起来更通透。

2. 夹层没有完全作为休息区，而是结合一层的管道位置，间隔出了卫生间和储物间，让生活更便利，避免了夜间如厕还要爬楼梯的尴尬。

# 状况四 户型方正但墙多，让人感觉超拥挤

## 户型基本参数

**整体面积**：26 平方米

**横向长度**：4.9 米

**纵向宽度**：5.3 米

**层高（毛坯）**：2.8 米

## 状况描述

本案的户型是非常方正的正方形，此种户型通常来说是非常好布置家具的，但这并不是一个开敞的户型，而存在很多隔墙，将大空间分隔成了五个小的空间。这就导致了入户门一侧完全没有采光，且卫生间对面的空间面积太小完全无法利用；同时两个较大的空间，由于面积的限制，也无法同时布置客厅、餐厅和卧室，只能满足两种功能。

### 改造方案

拆除中间隔墙，将柜子和床结合

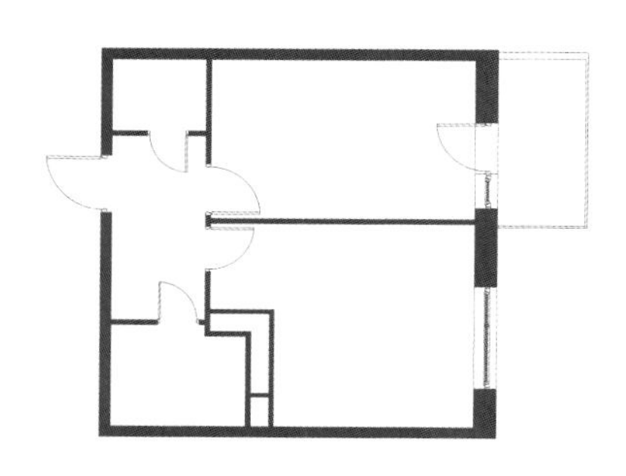

原始平面图

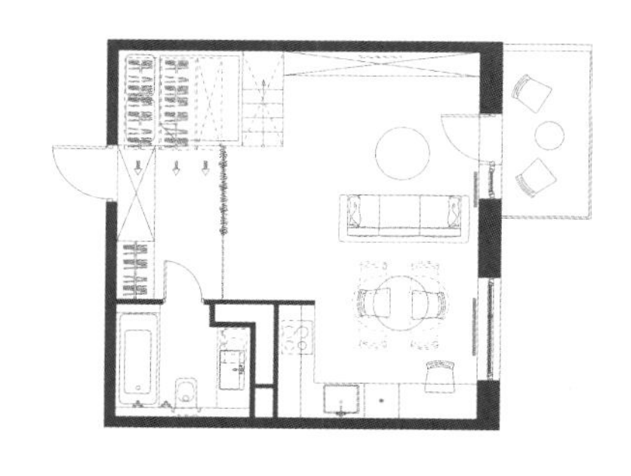

改造后平面图

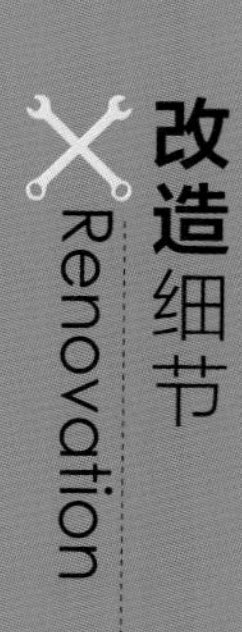

## 改造细节 Renovation

1. 为了增加可以灵活使用的面积，让整体的采光更好，仅保留了卫生间的隔墙，其余的隔墙全部敲掉。

2. 从水电改造的方便性考虑，将厨房安置在了卫生间的临近区域，做成开敞式，让空间最大化。

3. 卫生间对面原有的小空间上半部分做成了柜子，下半部分做成了一个内嵌式的睡眠区。

4. 睡眠区对面规划为客厅，客厅和厨房中间作为餐厅，使动线更合理，使用更方便。

## 改造 案例解析 Case analysis

用布帘做软性隔断

储物空间可抽拉取出

电视墙整体做成柜子

楼梯采用抽屉的形式

## 改造小技巧

1.门口用布帘做软性隔断，既分隔出了玄关区域，又起到保护隐私的作用，同时不会阻挡采光。将床与柜子的结合设计非常巧妙，下方储物区采用了抽屉式的设计，取物抽出即可，十分方便。

2.为了方便上床，侧面摆放了抽屉式的木质楼梯，上方可蹬踏，下方可储物。电视墙以使用为主，除了电视的位置，全部做成了柜子，将物品隐藏让空间看起来更规整。

# 状况五 一眼望到底，睡眠缺乏安全感

## 状况描述

该户型的非厨卫空间，是一个完全开敞的长条形，这个部分需要安置鞋柜、沙发、书桌、衣柜和床，业主想要私密性好一些的睡眠区，但若使用隔墙，白天会阻挡客厅的光线。

## 户型基本参数

**整体面积**：39 平方米　**横向长度**：7.3 米　**纵向宽度**：5.4 米　**层高（毛坯）**：2.7 米

卧室和客厅之间，采用折叠门分区

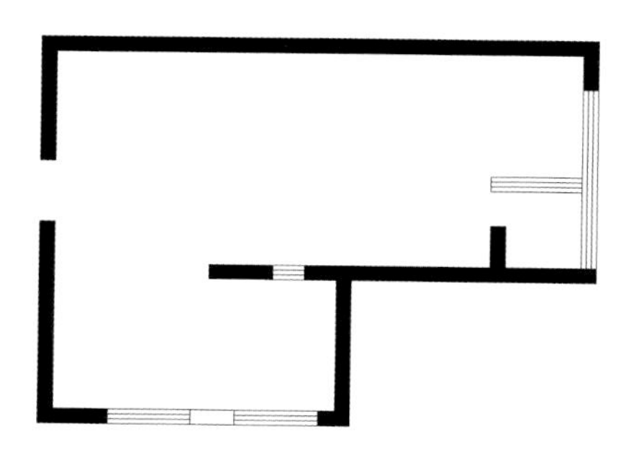

原始平面图

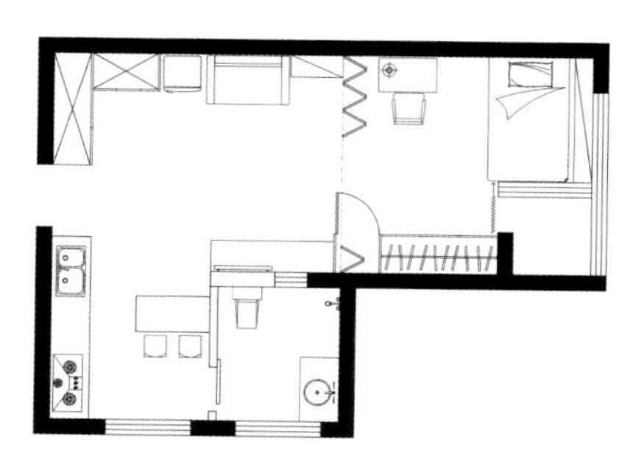

改造后平面图

1. 首先是对区域的整合，从动、静需求来分区，床和书桌放在靠窗的区域，靠近入户门的一侧作为玄关和客厅。

2. 拐角处的小长条空间，分隔出一部分作为卫生间，其余部分作为开敞式厨房和餐厅。

3. 为了满足业主对睡眠区私密性和白天采光的双重要求，动区和静区选择用折叠门来分隔，封闭效果更好一些，占地面积小。

4. 因为面积比较小，玄关没有做成独立的区域，而是用收纳柜简单地划分出功能区。

## 改造 案例解析 Case analysis

转角一体式收纳柜

折叠门可沿着轨道折叠

衣柜做空一格，隐藏折叠门

### 改造小技巧

1. 玄关处的整体柜做成了转角一体式造型，并在底部安装了暗藏式的灯带，从造型以及细节上，与其他区域作明确的划分，让人感觉功能性更强。

2. 将睡眠区衣柜靠近折叠门一侧的一扇门内部留空，折叠门在闲置的时候可以完全收纳到衣柜中，让空间显得更利落、整洁。

# 状况六 身为家庭办公一族，却没有工作区

## 状况描述

业主为家庭办公一族，需要在家中有一个与卧室分开的相对独立的办公区。计划将办公区放在公共区域中，但目前的公共区拐角多，餐厅到客厅经常走动，很难布置一个相对安静的区域。

## 户型基本参数

**整体面积**：46 平方米　**横向长度**：8.5 米　**纵向宽度**：5.4 米　**层高（毛坯）**：2.8 米

敲掉并重建部分隔墙，划分部分客厅做工作区

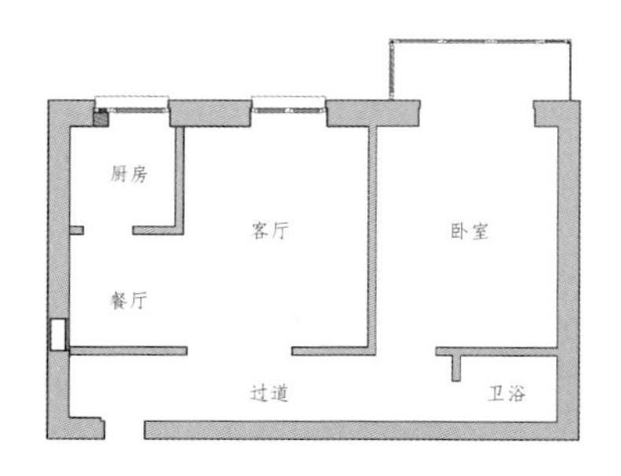


原始平面图

改造后平面图

1. 公共区拐角过多，无法安置需要安静一些的工作区，将原来厨房的隔墙全部拆除，使餐厅与厨房合并，尔后布置沙发区，使动线缩短。

2. 工作区安置在客厅入口的位置，当人在客厅时，无需经过门口即可到达餐厅，可以避免互相干扰。

3. 原来的餐厅位置增加了直线和折线形的隔墙，直线形墙壁的对面安置卫生间，在玄关对面的隔墙处开门；折线形部分分别安置衣柜及搁架。

4. 原来的卫生间面积过小，将隔墙拆掉，改成了衣柜，归纳入了卧室内。并将卧室门更改了方向扩大了使用面积，同时缩短了过道的长度。

## 改造 案例解析 Case analysis

沙发与餐桌之间的半隔断

隔板式书橱

隔墙预留出搁架空间

## 改造小技巧

1. 餐桌和沙发之间采用木质半隔断间隔，使沙发靠背有所依托，使用更舒适，同时还可以起到分区的作用。

2. 工作区使用隔板式书柜，利用墙面空间来节省平面空间面积；重新建立隔墙时，预留出了客厅门口的搁架空间，增加了家居的储物量，同时还具有装饰作用。

# 状况七 厨房和卫生间挤在一起，面积超小

## 户型基本参数

**整体面积**：47 平方米

**横向长度**：7.2 米

**纵向宽度**：8.5 米

**层高（毛坯）**：2.8 米

## 状况描述

从平面图来看，这是一个比较方正的户型，面积属于小户型中比较宽敞的类型。除了卫生间和厨房较小外，其他区域都比较完善。本案业主希望保留宽敞感且并不需要太多功能，无需单独的用餐区，客厅希望可以独立一些并保留宽敞感，卫生间也要大一些。目前不满意的地方是卫生间过小，且套在厨房内，非常不卫生；客厅区域过于开敞，感觉私密性不足。

厨房外移到过道中，卫生间扩大

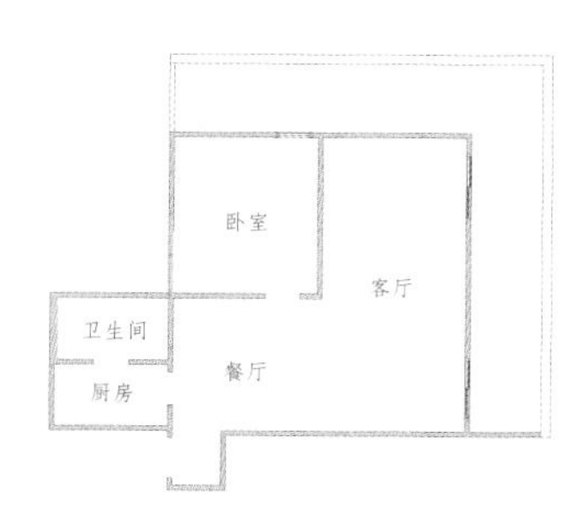


原始平面图

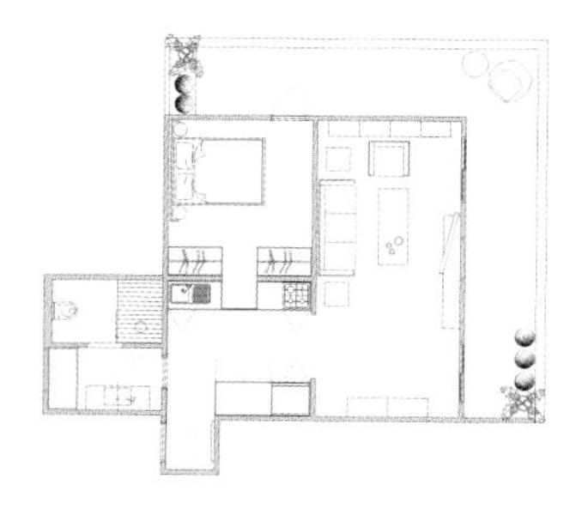

改造后平面图

1. 首先解决的是卫生间过小的问题，最后决定将原来的厨房挪走，卫生间干湿分离，原来的厨房做干区，原来的卫生间做湿区。

2. 厨房无需太大空间，同时业主还希望客厅可以封闭一些，于是沿着客厅现有的隔墙方向，将墙壁一直延续到尽头，客厅不设置门而采用哑口，既能够保证了采光，又可以保证一定的私密性。

3. 厨房区域无需太大，所以将其设计在了进门后的小方形区域内。橱柜分散开来，平行摆放，位置在客厅哑口两侧，所以哑口位置留在了中间，两侧留出橱柜宽度。

## 改造 案例解析 Case analysis

### 改造小技巧

1. 厨房到卧室的过道顶部，包裹起来做了一个抽屉式的收纳柜，不影响正常通行还可增加收纳空间，使用白色材料并不会让人感觉压抑。

2. 厨房操作区安装了折叠门，在不使用时可以遮挡起来，避免灰尘落入，同时也可以让整个区域看起来更整洁、干净。

# 状况八 餐桌无处摆放，用餐只能在茶几

## 户型基本参数

**整体面积**：62 平方米
**横向长度**：8.3 米
**纵向宽度**：6.7 米
**层高（毛坯）**：4.5 米

## 状况描述

整体面积很小但房高超高，所以决定在中间部分做夹层来增加面积，但改造后作为公共区的一层，仍没有适合的位置可以摆放餐桌。

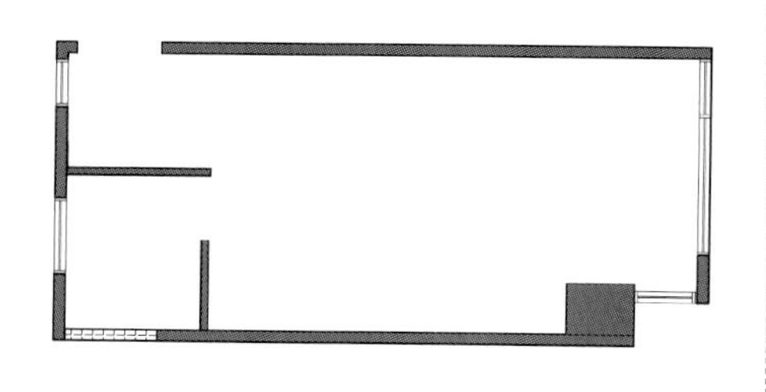

原始平面图

用夹层扩大面积，结合楼梯安置餐桌

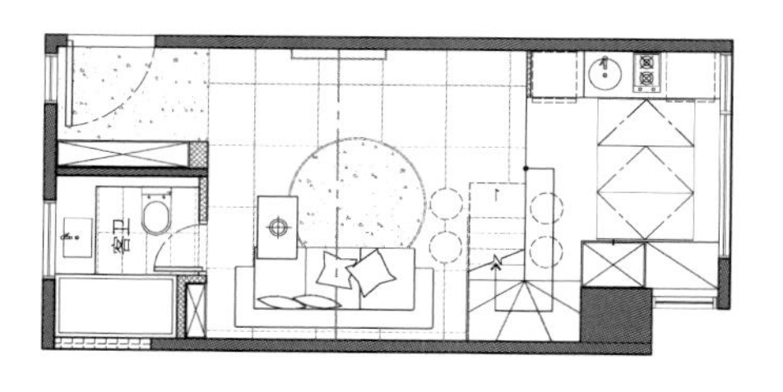

改造后一层平面图

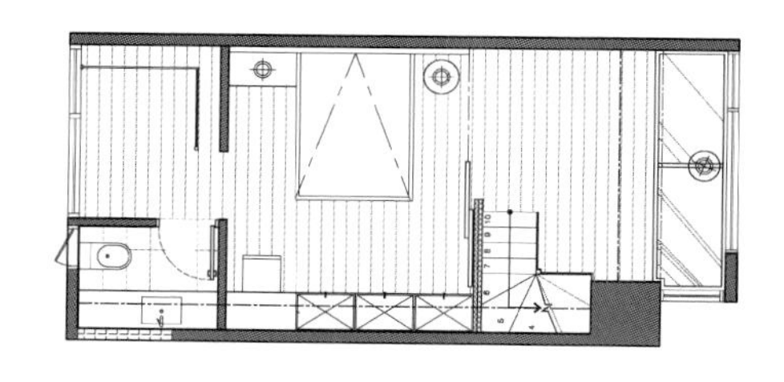

改造后夹层平面图

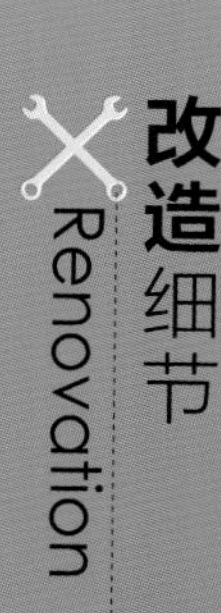

## 改造细节 Renovation

1. 在房间高度的中间部分增加一层空间，楼梯设计在柱子的位置，位于厨房和客厅中间，使动线更便利。

2. 楼梯采用了镂空式的木结构，一层部分舍掉了扶手，显得更轻盈的同时，利用楼梯踏步平面向外延伸，做成了一张双人餐桌。

3. 窗被一分为二，一层采光受到影响，二楼靠窗部分地面做成了玻璃地面，让光线透过玻璃进入一层，增加采光。

4. 厨房地面抬高，在其下方暗藏灯带，能起到区域划分的效果，同时可以让自然光很少的客厅显得更明亮。

## 改造 案例解析 Case analysis

楼梯只保留踏步

结合楼梯走势做餐桌

结合柱子做橱柜

1.一层中的楼梯，一部分踏步用实木制作，使延伸出来的吧台式小餐桌与楼梯结合得更自然、协调，解决了无处摆放餐桌的问题。

2.楼梯与阳台之间有一根突出的柱子，在设计橱柜时，沿着柱子的凹凸走势进行了设计，将柱子掩盖起来。

推拉门软性间隔空间

钢化玻璃地面可透光

3. 二楼厨房上方的地板使用了透明的钢化玻璃，可以使二楼的光线无阻碍地穿透到楼下，避免因为窗面积的减少而导致采光面积减少。

4. 二楼卧室使用实木推拉门，白天拉开后可以保证室内的采光，夜晚关闭后，可保证私密性，且无需预留平开门的纵向开合空间。

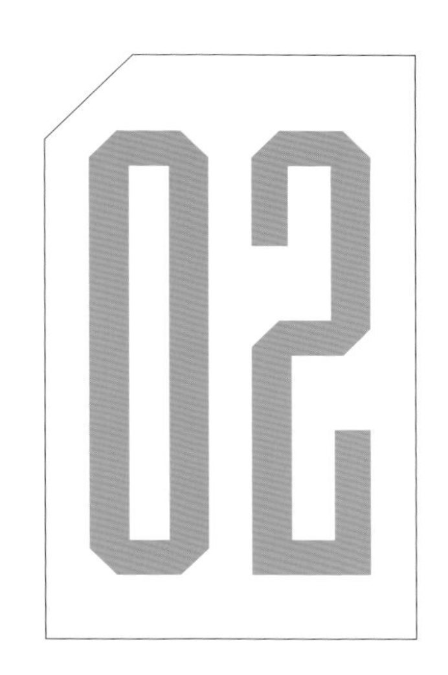

# 破解户型问题二

# 格局不合理，使用不便利

每个人对居住环境的要求都是不同的，所以无论购入的是二手房还是新房，格局尽如人意的很少，总有些地方与自己的生活习惯或所预期的不符合，使用起来感觉不便利。对于居住环境来说，装饰得华丽还是简单都是锦上添花的事情，若格局不舒适，即使装饰得再漂亮，也会越住越郁闷，所以整顿格局让居所变成期待的样子，是至关重要的事情。除了最常用的砸除无用隔墙的方法外，还可以通过调整功能区、增加隔断、更改门的位置等方式来对格局进行调整。

# 状况一 动线不合理，走来走去很劳累

## 户型基本参数

**整体面积**：183 平方米

**横向长度**：16.5 米

**纵向宽度**：11 米

**层高（毛坯）**：2.75 米

## 状况描述

本案属于比较宽敞的大户型，主要的使用区域都比较宽敞，包括客厅、餐厅、主卧和次卧，其中客厅尤其宽敞。从平面布局上来看，厨房位于左侧，而餐厅却位于右侧，这种布局非常不便利，需要来回地走动。由于面积较宽敞，所以业主希望除了现有的两个卧室外，还可以增加一个卧室空间作为儿童房，而改造前餐厅的位置从动静方面进行分区是比较合适的。

移动餐厅位置，使动线更合理

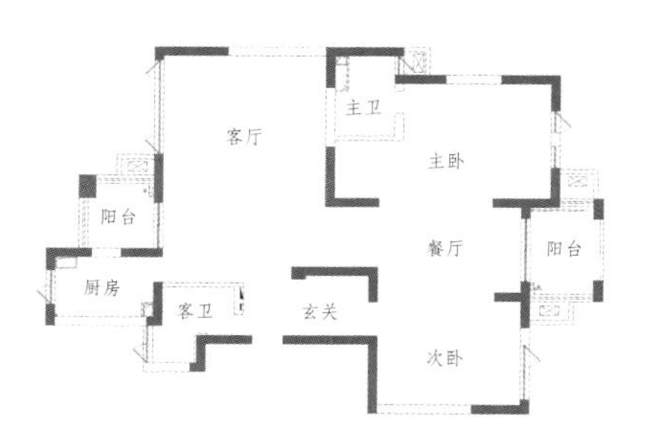


原始平面图

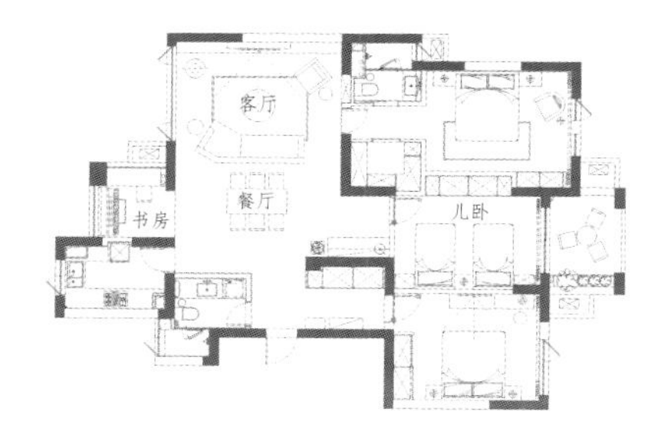


改造后平面图

## 改造细节 Renovation

1. 首先改变不便利的动线，客厅足够宽敞，所以将餐厅移到客厅中，缩短与厨房之间的距离。电视墙放在正对入户门的墙面上，沙发背后放置餐桌，使两个区域具有明显的划分。

2. 原有餐厅区域作为儿童房使用，于两侧空间中间用隔墙间隔，在设计隔墙的位置时考虑了储物的便利性。主卧门移到了客厅一侧，与儿童房之间的隔墙没有采用直线型而是两侧各有凹凸，方便摆放柜子。

3. 厨房门对面有一个小的富余空间，设计师将其利用起来，下方摆放烤箱，上方使用搁板作收纳用。

## 改造 案例解析 Case analysis

将入户门相对的墙面设计为电视墙

主卧门做成隐藏式暗门

既是收纳空间又有装饰效果

## 改造小技巧

1.电视墙设计在入户门正对的位置上，一是因为进门就可以看到装饰性较好的墙面使人印象深刻，二是因为这样摆放后，沙发同时还可以兼作软隔断，对不同功能区进行简单的区分。

2.儿童房门口的空间，墙面使用了黑镜，搭配深色系的隔板和收纳柜，既满足了储物需求，又具有装饰效果。

# 状况二 房高 3.5 米却有两层，感觉超压抑

## 户型基本参数

**整体面积**：37 平方米

**横向长度**：7.8 米

**纵向宽度**：5.7 米

**层高（毛坯）**：3.5 米

## 状况描述

本案的高度仅有 3.5 米，为了满足业主的使用需求，上方做了一整层夹层，夹层高度仅有 1.5 米，感觉非常压抑。

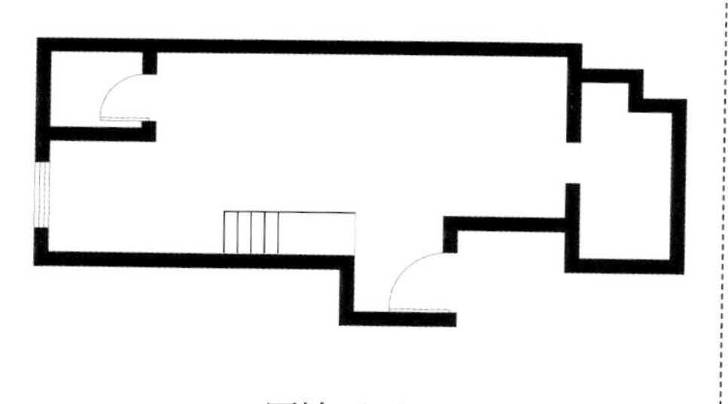

原始平面图

将整体式的夹层改为部分夹层

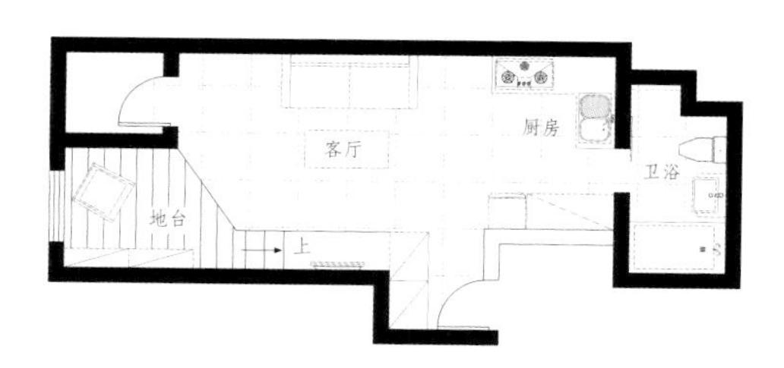


改造后一层平面图

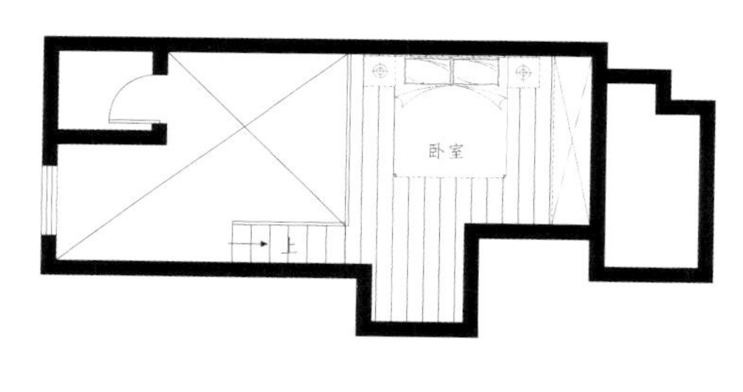


改造后夹层平面图

1. 为了减轻压抑感，同时还能满足业主的使用需求，将客厅上方的夹层砸除，只保留了餐厅上方的部位，作为卧室使用。

2. 楼梯由原来的贴质楼梯改成了木质踏板，并采取了嵌入墙壁的方式来固定，搭配玻璃扶手，使整个楼梯显得很轻盈，摆放电视柜更美观。

3. 一层靠窗的部分结合电视柜的走势，做成了斜向的地台，可用来阅读，结合电视柜的走势，做了一个收纳柜，增加储物量。

4. 一层空间中，除了卫生间外全部做开敞式处理，橱柜分别摆放在卫生间门的两侧，让公共区看起来更宽敞一些。

# 改造 案例解析 Case analysis

踏步在墙面悬空固定

夹层使用玻璃做隔断

## 改造小技巧

1.因为高度不是很高，所以楼梯并不需要做太多的踏步，地台和电视柜均可充当部分踏步后，剩余的步数就不是太多，设计师将其采用隔板的固定方式，使其直接安装在墙面上，个性而轻盈。

2.夹层休息区的边缘使用了茶色玻璃进行隔断，比起透明玻璃更让人感觉安全，却又不会阻碍光线的通过。

# 状况三 虽然面积大，但房间超多还没用

## 状况描述

这是一个面积很宽敞的独立式小复式，面积有 280 平方米，然而常住人口只有三个主人和一个帮佣。原有结构很零散有很多小的空间，尤其是客厅和餐厅，因为中间隔墙的限制显得很拥挤。

## 户型基本参数

**整体面积**：280 平方米

**横向长度**：16.8 米

**纵向宽度**：12.5 米

**层高（毛坯）**：2.88 米

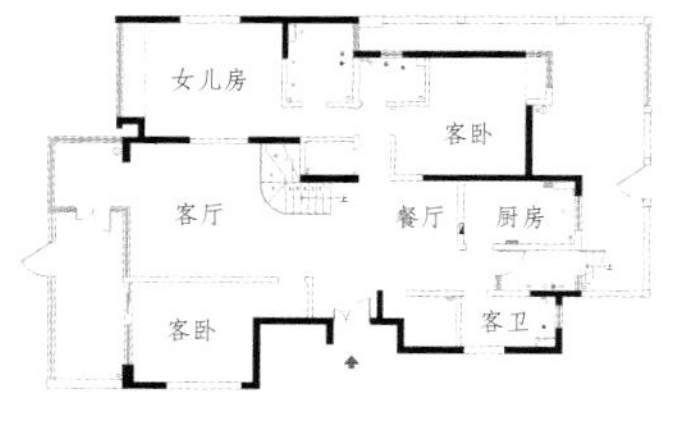


原始一层平面图

原始二层平面图

无用空间通过合并方式进行整合

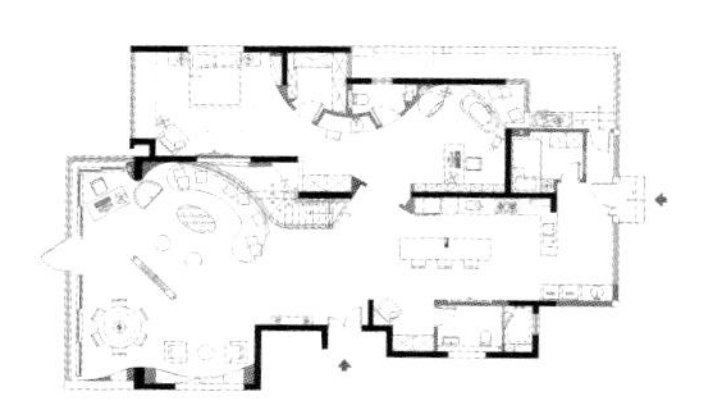

改造后一层平面图

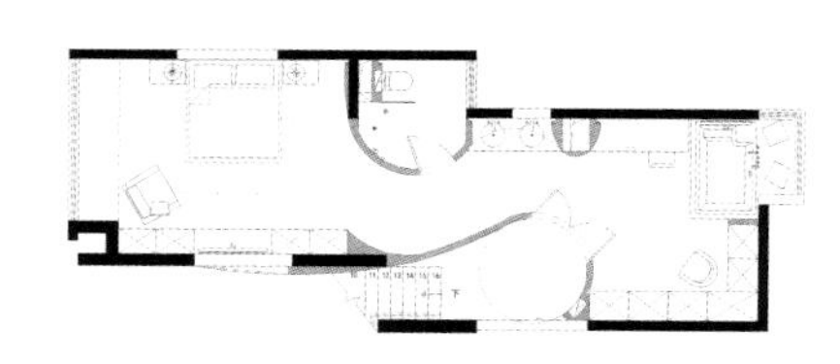

改造后夹层平面图

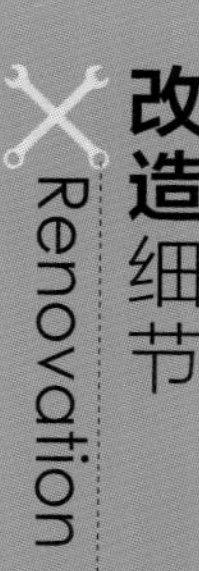

### 改造细节 Renovation

1. 原有客厅、餐厅隔墙全部敲掉，并改变客厅方位，使公共区更宽敞，沙发墙结合楼梯的走势做成了弧形墙面，从视觉上有一种延伸感。

2. 将一层中原有的卧室区域合并为女儿房，去掉中间隔墙，卫生间外墙改成弧线以增加动感。

3. 二层入口处的直线墙改为圆弧形，使空间增大，弧线的延伸感使人感觉过渡圆润。

4. 二层内部的隔墙全部敲掉，合并为一间，重新建立弧线墙，门做成双开。原有隔壁间做成储物间和书房，增加储物量，也让生活更便利。

## 改造案例解析 Case analysis

可旋转电视墙

弧线墙制造视觉差

双开门使用更方便

### 改造小技巧

1.沙发更改位置后，电视放在餐厅墙上对客厅来说距离有些远，设计师在餐厅和客厅中间的位置做了一根立柱，将电视固定在上面，解决了电视墙的问题，同时还能作为客厅和餐厅的一个分区标志。

2.二层属于夫妇的私密区，对着门的部分虽然作为更衣间和泡浴区但并没有做任何隔断，只是利用两侧墙面的弧度制造一些视线差，尽力保证整个居室宽敞的感觉。

# 状况四 柱子在中央的不规则户型

## 状况描述

此户型整体为不规则形状，面积较小，除了卫生间其他的空间并没有进行隔断，难以处理的部分在于较为中央的位置有一根不能砸除的承重柱。

## 户型基本参数

**整体面积**：48 平方米　**横向长度**：7.3 米　**纵向宽度**：5.8 米　**层高（毛坯）**：2.68 米

## 改造方案

敲掉并重建部分隔墙，划分部分客厅作工作区

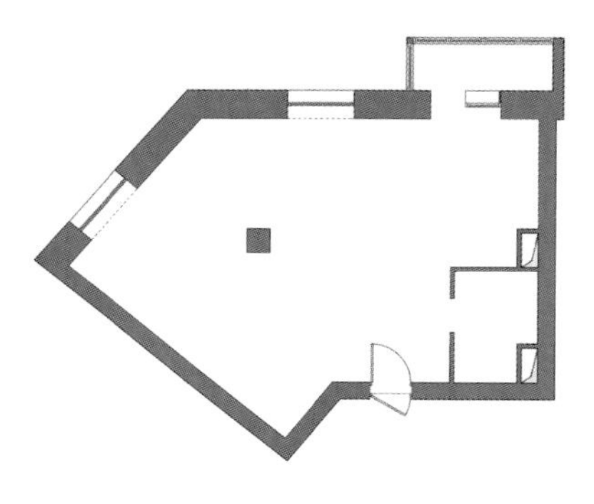

原始平面图

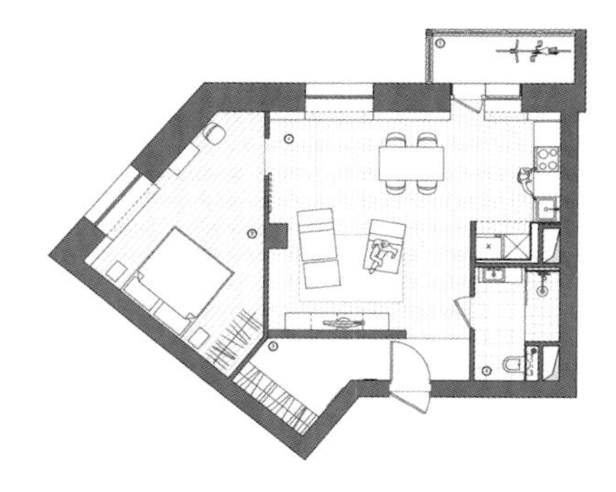

改造后平面图

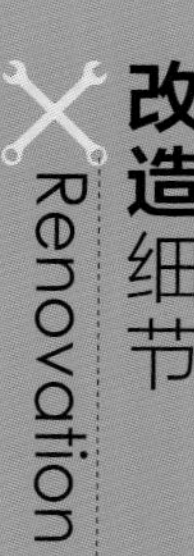

## 改造细节 Renovation

1. 将柱子位置变得合理来建立隔墙是首先需要考虑的问题。若靠着柱子的边缘建立一条直线型的隔墙，斜线区域就会变成一个三角形，很难利用，所以隔墙没有一直到底，而是留出了一段距离，再搭配横向的隔墙，使公共区变成规整的形状，柱子也不再显得过于突出。

2. 空余部分中间用一道隔墙进行了分隔，分别作为玄关和卧室来使用，虽然还是存在不规则的区域，却也显得非常有特色。

3. 因为面积比较紧张，为了让公共区看起来宽敞一些，除了容易污染环境的卫生间外，客厅、餐厅和厨房均作开敞处理。

## 改造 案例解析 Case analysis

间隔出的区域作为玄关

电视墙使用轻间隔材料

卧室使用单扇推拉门

### 改造小技巧

1.客厅电视墙归整了整个公共区，同时还分割出了一个独立的玄关区。轻间隔材料做饰面，具有原始感，与北欧风格搭配非常协调，上部分采用镂空造型，可以为玄关提供光线。

2.卧室如果使用平开门，占用的空间比较多，所以使用了单扇形式的推拉门。轨道悬挂在公共区，可以根据需要开合。

# 状况五 缺少玄关，隐私一览无遗

## 户型基本参数

**整体面积**：107 平方米

**横向长度**：9.7 米

**纵向宽度**：11 米

**层高（毛坯）**：2.75 米

## 状况描述

从平面上来看，这是一个接近方形的户型，公共区非常宽敞，两个卧室的面积也非常适中，各部分空间均能满足使用需求。但存在一个小的问题，就是没有独立的玄关空间，打开入户门后公共区的情况一览无遗，非常缺乏隐私性，使人没有安全感。

## 改造方案

用横向和竖向的收纳柜，隔断出玄关

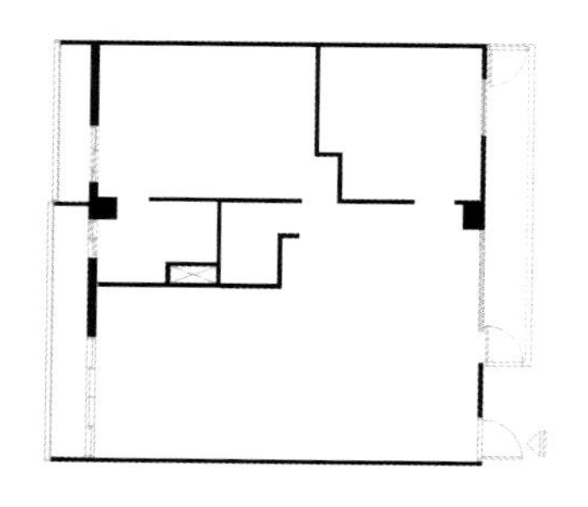

原始平面图

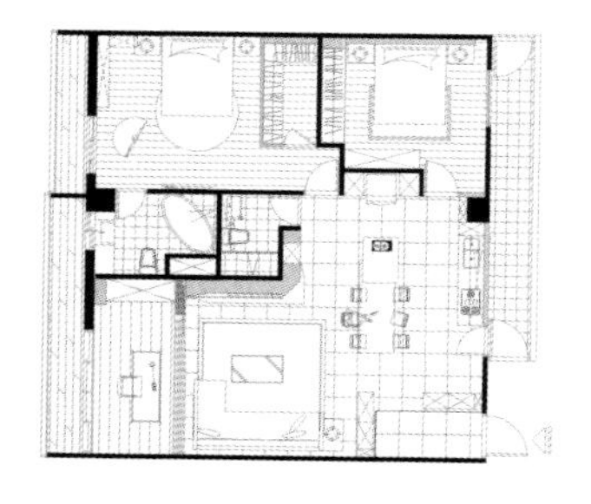

改造后平面图

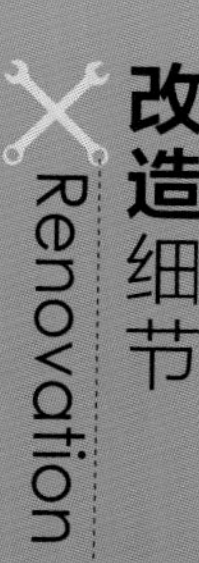

## 改造细节 Renovation

1. 在进行了其他区域的规划后，沙发和入户门之间还剩余了一块位置，设计师利用这部分空间，使用横向和竖向的收纳柜，间隔出了一个独立的玄关空间，进出口设计在侧面，视线被完全阻隔，能够很好地保护室内的隐私性。

2. 业主觉得客厅并不需要太大的空间，但想要一个可以独立的书房区域。设计师将书房规划到了紧邻阳台的区域，与客厅之间用折叠门来灵活分界。

3. 划分出书房区域后，电视墙就变短了，为了让它看起来具有延伸性，设计师将直段墙与转角部分的墙面连接起来做一体式设计。

## 改造 案例解析 Case analysis

用收纳柜间隔出玄关

收纳柜悬空处理

### 改造小技巧

1.用两个收纳柜间隔出玄关空间，比起隔墙或隔断，更加实用。为了避免暗沉并显得温馨一些，柜子采用了浅色原木材料，搭配绿色墙面，具有清新感和自然气息。

2.收纳柜并没有从底部一直到底，而是顶部到达了天花板的位置，而底部做了悬空处理，可以让一部分光线进入玄关，也更方便打理，避免死角的产生，设计非常人性化。

# 状况六 客厅小而卧室大，无法满足需求

## 状况描述

虽然整体面积仅有64平方米，但改造前却有很多空间，包括三个可以作为卧室的区域，这种情况下，客厅和餐厅所在的公共区就显得非常狭小，无法满足业主的使用需求。

## 户型基本参数

**整体面积**：64平方米　**横向长度**：8.8米　**纵向宽度**：7.3米　**层高（毛坯）**：2.63米

敲掉并重建部分隔墙，划分部分客厅作工作区

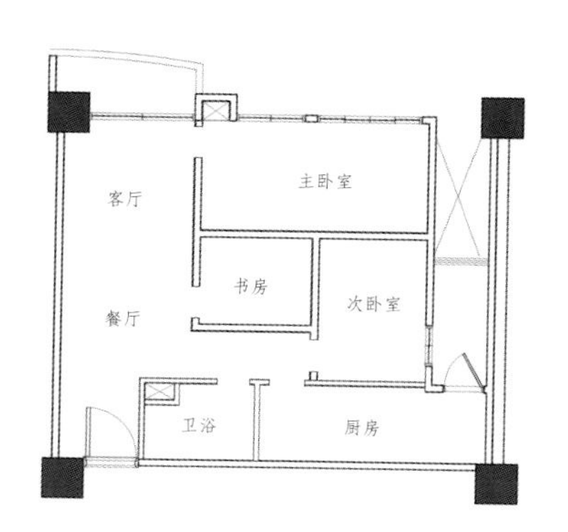

原始平面图

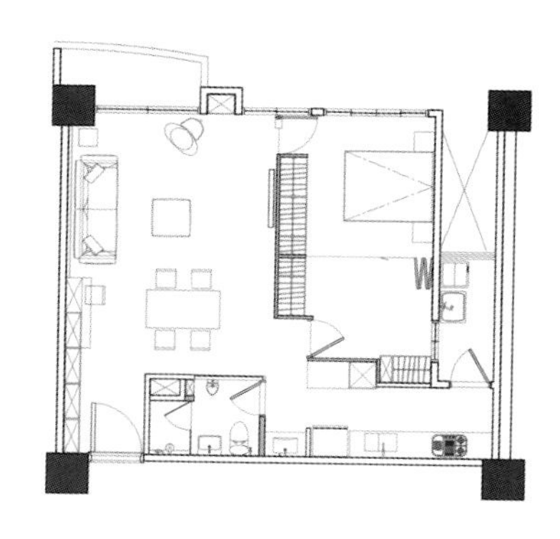
改造后平面图

改造细节 Renovation

1. 业主的家庭人口非常简单，常住人口仅有两人，所以并不需要太多的卧室，保留一个主卧室并包括步入式更衣间。根据这种情况，设计师进行了规划，将卧室区中间的隔墙全部拆除，仅保留卫生间的三面墙，重新以柜子为主体建立卧室的隔墙。

2. 在重新规划功能区的时候，卧室面积做了缩小处理，规划成了规则的长条形，使原有的公共区扩大，以满足业主的要求。

3. 厨房位置没有变动，但改成了开敞式，并在建立卧室隔墙的时候提前预留出了冰箱的位置；卫生间的门改为了侧开，避免公共区出现太多门。

## 改造 案例解析 Case analysis

墙面同材料的隐藏门

隔墙内部为柜体

玄关柜延续到了餐厅

### 改造小技巧

1.在重新分隔卧室时，直接采用板材将隔墙和柜子结合起来进行设计，柜子的背板即为客厅的电视墙，增加了收纳量的同时又节省了间隔材料。门采用与墙面相同的材料，做成了隐藏式，显得更整体。

2.入户门开启方向的一侧有一定的宽度，设计师将其利用起来，做成了悬挂式的收纳柜，使其一直延续到沙发旁边，并将书桌包括进去，增加了储物空间的同时，也成为了个性的设计点。

# 状况七 餐厅面积小，占据交通空间

## 户型基本参数

**整体面积**：76 平方米
**横向长度**：7.8 米
**纵向宽度**：9.7 米
**层高（毛坯）**：2.7 米

## 状况描述

此案的客厅和卧室都比较宽敞，尤其是卧室，面积接近客厅，整体面积仅有 76 平方米。在这种情况下，餐厅、卫生间和厨房就被挤得有些狭小，尤其是餐厅，基本只能摆放双人式的小餐桌，无法满足业主的使用需求。若想要让公共区显得更宽敞一些，如何将餐厅这一侧的空间进行扩大化处理，是需要重点考虑的问题。

## 改造方案

直线墙变成弧线墙，扩大客厅面积

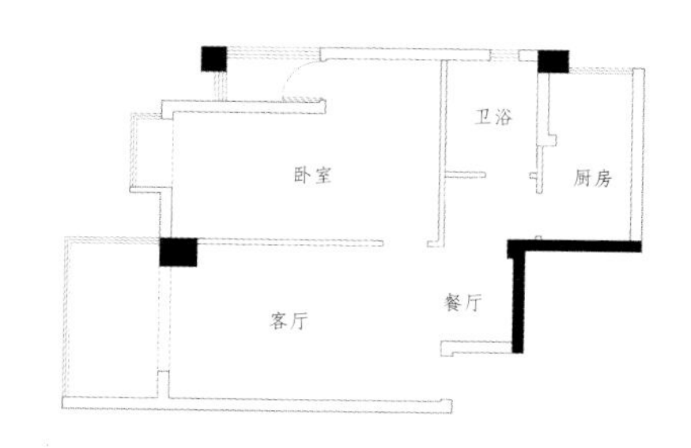


原始平面图

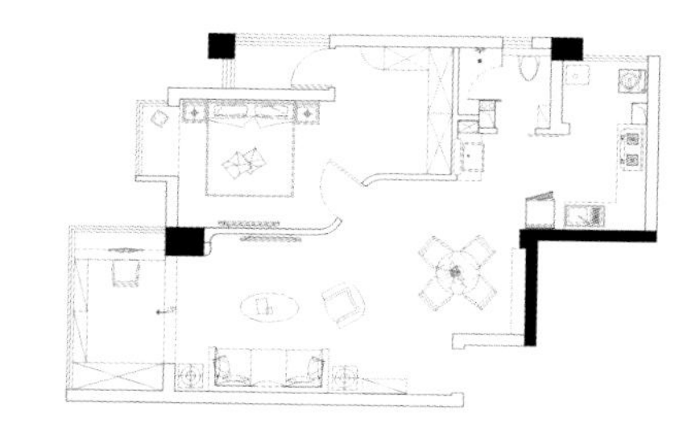

改造后平面图

## 改造细节 Renovation

1. 未改造前，餐厅面积非常小，而卧室却显得有些空旷，经过商议后，设计师大胆地将卧室与客厅之间的直线墙改成了弧线，把原来狭小的餐厅面积进行扩大。

2. 为了让空间整体看起来更具协调感，厨房去掉了非承重墙的部分，使其开敞，也让餐厅和厨房之间的动线更舒适。

3. 厨房隔墙去掉一部分后，卫生间的面积随之而缩小，设计师结合这种情况，将卫生间的干区和湿区分开。门是非常有亮点的处理方式，空间的局促性迫使卫生间不能使用常规的平开门，设计师就大胆地使用了推拉门。

## 改造 案例解析 Case analysis

圆角处理的储物格

圆形餐桌与弧线墙呼应

## 改造小技巧

1.设计师在餐厅侧墙上设计了一些开敞式的储物格，这些储物格的转角处被处理成了圆弧形，从细节处呼应了弧线墙的设计。

2.餐桌使用了圆形的款式，比起方形来说更柔和，与改造后的弧线墙搭配起来更协调，同时也能够缓解过道带来的局促感。

# 状况八 进门就是客厅，且没有电视墙位置

## 状况描述

从入户门进入后就是客厅空间，左侧是卧室上方是餐厅和厨房，客厅虽然很宽敞，但两面多门，一面开敞，在改造前却没有合适的位置可以作为电视墙使用。

## 户型基本参数

**整体面积**：53 平方米　**横向长度**：8.8 米　**纵向宽度**：6 米　**层高（毛坯）**：2.7 米

正对入户门建立一道隔墙，既是电视墙又是隔断

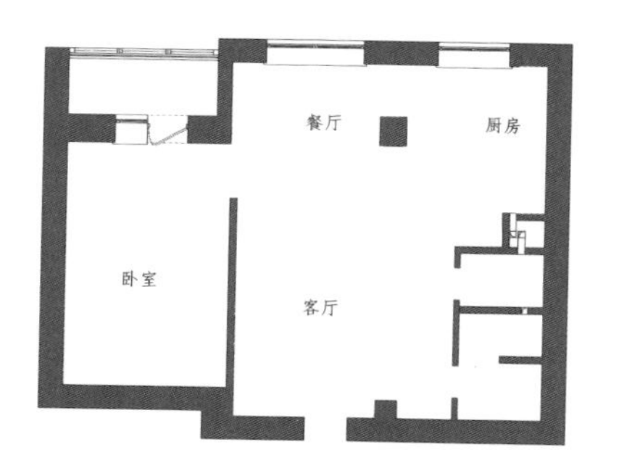


原始平面图

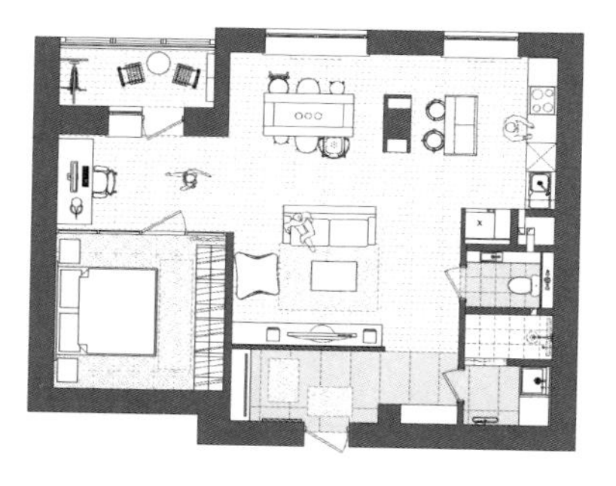

改造后平面图

1. 因为客厅的面积比起其他区域来说比较宽敞，业主除了希望可以有一个位置能够放置电视外，还希望有一个明确的玄关区，可以阻挡视线。根据这些要求，设计师选择在入户门对面建立一道隔墙，既可以悬挂电视，又可以保护室内隐私。

2. 隔墙的尽头到柱子边缘的沿线为止，已经足够包裹住沙发区，剩余的空间作为过道，宽度非常舒适，不会让客厅中的活动妨碍室内交通。

3. 既然室内隐私有了保障，业主觉得卧室就不需要完全隔断起来。隔墙敲掉一部分，改为侧面进出，使用折叠门，就多出了一个学习区。

## 改造 案例解析 Case analysis

隔墙使空间的布置更多样化

柱子包裹做成储物格

### 改造小技巧

1. 在未进行改造前，如果将唯一的墙面作为电视墙，沙发摆放在对面，很容易对室内交通造成阻碍，一道隔墙使用虽然看似简单，却让空间的布置更加多样化，赋予了设计上更多的可能性。

2. 餐厅和厨房之间有一根宽度 500 厘米左右的柱子，显得很突兀，设计师将其利用起来，两侧进行了延长，分别做成了开敞式的储物格，面层还涂刷了黑板漆，实用而个性。

# 状况九 客厅有一面斜墙，餐桌挤在厨房

## 户型基本参数

**整体面积**：64 平方米
**横向长度**：7.8 米
**纵向宽度**：9.7 米
**层高（毛坯）**：2.7 米

## 状况描述

因为房间比较多，所以每个空间的面积都不大，但业主并不想对这些房间做改动，所以整体格局上无需太大的变动。有一个比较难以处理的部分是客厅和厨房之间的墙有一段是斜线，不仅让客厅看起来很拥挤、憋闷，也让空间不能够摆放大餐桌，只能使用一张小餐桌挤在厨房中。而业主十分好客，希望有同时能够坐下多人的用餐位置。

## 改造方案

砸除斜线隔墙，让餐桌有独立位置

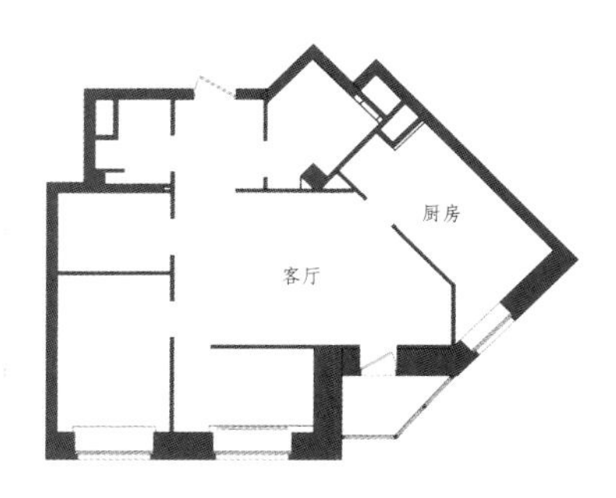

原始平面图

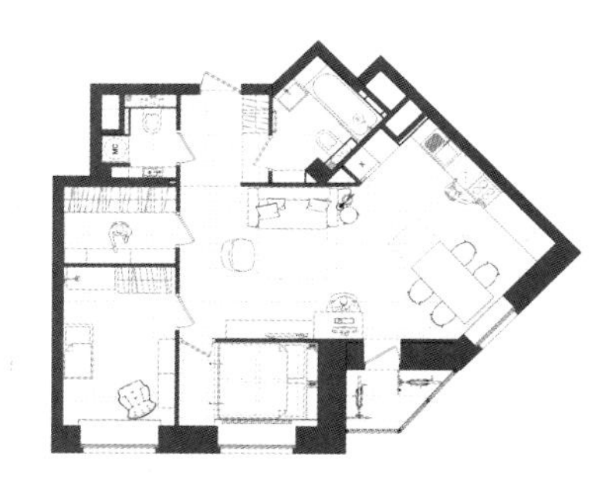
改造后平面图

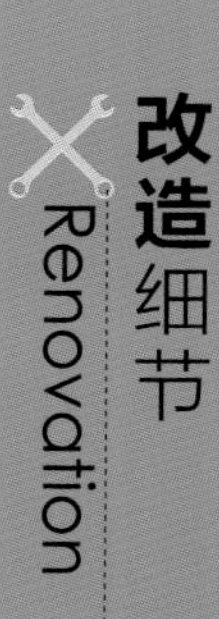

## 改造细节 Renovation

1. 客厅不仅有一面不规则形状的墙，采光还仅能靠阳台门，将客厅和厨房之间的非承重隔墙全部敲掉后，所有的问题就迎刃而解了。

2. 厨房改成了开敞式布局后，虽然外墙仍然是斜线，但对整体的影响减少了很多。公共区看起来更加宽敞，虽然与改造前一样，客厅只能使用双人小沙发，但因为多了一处采光，感觉更明亮。

3. 餐桌沿着斜线外墙的走势平行布置，使空间的利用最大化。同时还可以作为软隔断，对餐厨区和客厅做一个简单的分界，给人一种虽然面积小但是功能区很齐全的感觉。

## 改造 案例解析 Case analysis

餐桌的摆放有技巧

合理地增加储物空间　电视柜悬空不会产生死角

## 改造小技巧

1. 餐桌的摆放是比较有技巧性的，如果沿着直线墙摆放就会妨碍厨房的操作，并对客厅的交通造成阻碍。而沿着斜线墙布置就没有这些问题，并且能够摆放更长的餐桌，增加用餐人数。

2. 业主希望有一个摆放电脑的位置，其他空间中没有合适的位置，设计师就将电脑桌与电视墙的设计组合起来，电视柜缩短并悬空避免了卫生死角的产生，上方与其对应地做了一排吊柜用来放书籍。

# 状况十 餐厨距离遥远，菜汤洒满地

## 状况描述

原有布局是将客厅旁边没有阳台的小空间作为餐厅来使用的。不仅餐厅的面积比较小，而且厨房和餐厅之间虽然只有一面墙，却要经过两道门，如果菜肴的汤汁比较多，难免会洒到地上，非常不卫生。

## 户型基本参数

**整体面积**：105 平方米　**横向长度**：14.8 米　**纵向宽度**：8.5 米　**层高（毛坯）**：2.7 米

餐厅移位到厨房中，缩短两者之间的距离

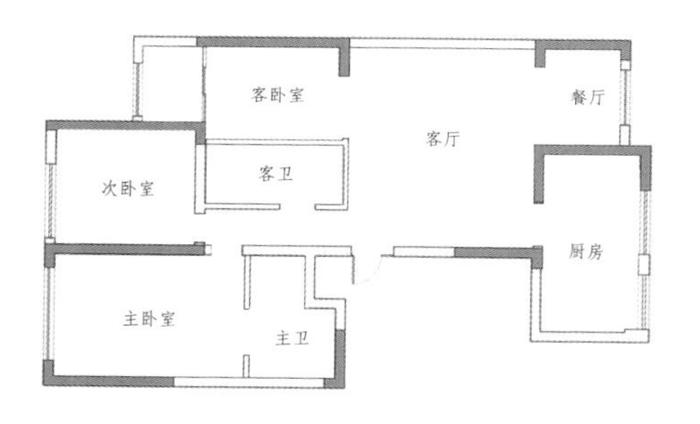


原始平面图

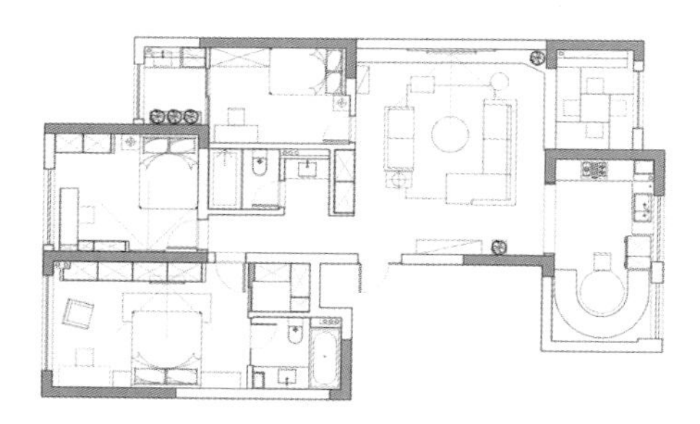

改造后平面图

1. 客厅虽然面积比较宽敞，但业主想要摆放的沙发占据面积较大，所以并不适合用来摆放餐桌，但厨房空间却比较宽敞，上半部分安装一组 L 形橱柜就可以满足使用需求，所以将下半部分用来摆放餐桌。

2. 业主想要在有限的空间中，尽可能坐下更多的人，为招待友人作准备，所以设计师将餐椅做成了半环形的卡座，中间搭配圆形餐桌，另一侧还可以摆放一张餐椅。

3. 餐厅移位后，原来的餐厅空间就空闲了出来，设计师将其利用起来，做成了地台式的休闲区，同时还可收纳部分物品。

## 改造 案例解析 Case analysis

白色橱柜彰显宽敞感

半环形卡座可容纳多人

原有餐厅位置改成了休闲区

### 改造小技巧

1.餐厅中除了使用半环形卡座组合单张餐椅的形式来容纳更多的人数外，橱柜面板全部使用了白色材质，进一步凸显宽敞感。

2.原餐厅的位置采光非常好，如果闲置起来有些可惜，设计师采用地台的形式做成了集休闲收纳为一体的空间，为家居生活增添了乐趣。

# 状况十一 超大面积餐厅，感觉好浪费

## 状况描述

此案例的几个卧室面积基本均等，公共区却非常有特点，面积占据了整体空间的一半。其中餐厅非常宽敞，基本可以与客厅媲美，对业主来说有些浪费，而同时却没有单独的书房用来工作学习和存储书籍。

## 户型基本参数

**整体面积**：102 平方米　**横向长度**：13 米　**纵向宽度**：11 米　**层高（毛坯）**：2.75 米

餐厅并入厨房，其余部分作为独立式书房

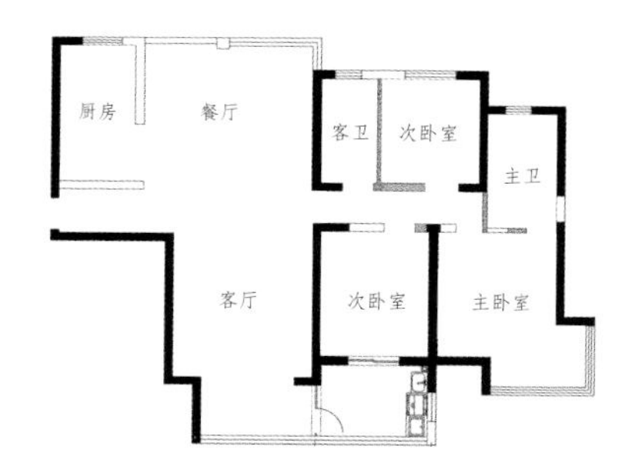


原始平面图

改造后平面图

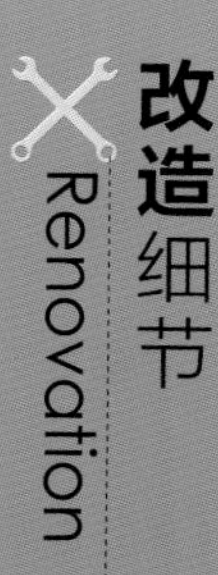


1. 既然业主觉得餐厅面积太大有些浪费，同时还需要一个独立的书房区，便在规划改造时将厨房与餐厅之间的隔墙去掉，将餐厅和厨房合并起来，而后利用餐厅中的柱子重新建立隔墙，将客卫与餐厅之间的位置做成一个开敞式的独立小书房。

2. 餐桌定位在厨房中间偏右一些的位置上，用橱柜将其环绕起来，即使有人坐在餐桌前，也不会妨碍烹饪者的操作。

3. 业主并不需要三个卧室，所以将客卫临近的卧室做成了步入式更衣间。将次卧室通往主卧的过道部分封死，通过更衣间的门进出主卧。

## 改造 案例解析 Case analysis

### 改造小技巧

1.书柜上方做成了开敞式的格子，下方则是封闭的柜子，满足不同物品的存放需求。

2.书房和厨房之间采用的是木质结构的隔墙，书房书橱的背板同时也是厨房侧墙的背板，两边都使用木质材料做成了储物空间，省料且节约空间。隔墙靠近过道的部分使用的是透明的钢化玻璃，能够让空间看起来更宽敞、明亮。

# 状况十二 厨房面积大，却没地方安置书房

## 户型基本参数

**整体面积**：92 平方米

**横向长度**：10 米

**纵向宽度**：9 米

**层高（毛坯）**：2.65 米

## 状况描述

此案中最宽敞的空间除了公共区外就是厨房了。厨房除了客卫隔壁的部分外，阳台部分还有一个方形的空间。让业主感到失望的是，虽然厨房很大，但是想要一个相对来说较安静的工作区却无处安置。改造前仅有玄关区域有空位，但将工作区安置在这里显然不够安静，也会妨碍室内交通。业主理想中的位置是原有餐厅的部分作为工作室，那么餐厅的位置就需要重新考虑。

## 改造方案

厨房和餐厅移位，留出书房空间

原始平面图

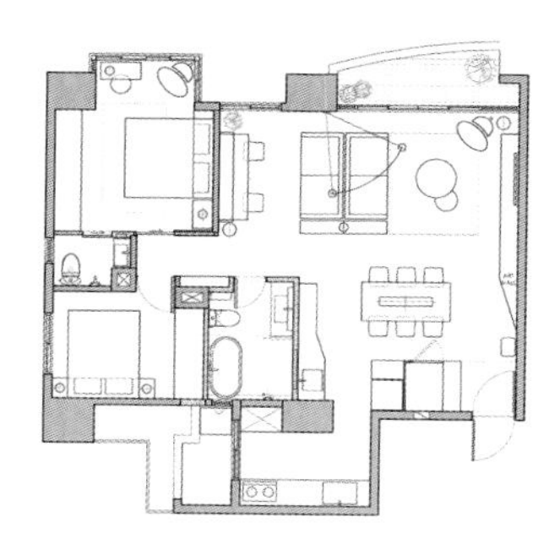

改造后平面图

1. 虽然厨房空间特别大，但业主并不需要这么大的厨房，所以设计师在将工作区按照业主的需要规划在客厅和主卧中间后，计划将厨房外围部分的隔墙敲掉，在阳台部分摆放橱柜，这样就有了摆放餐桌的位置。

2. 餐厅并没有全部用来摆放餐桌，入户门到厨房入口之间的部分做成了一个收纳柜，用来收纳鞋子及外出衣物，让空间显得更整洁。厨房门另一侧的位置则放置了洗手台，下方做成收纳柜，作为餐边柜使用。

3. 业主虽然要求工作区相对安静一些，但并不需要将其封闭起来，所以工作区与客厅之间采用家具来进行区域的划分。

## 改造 案例解析 Case analysis

利用立面空间做书橱

收纳柜做成隐藏门

封闭和开敞造型结合

### 改造小技巧

1. 工作区摆放了沙发和书桌后，面积就变得比较局促，没有空间可以摆放书橱。设计师将立面的空间利用起来，在书桌上方做格子式的开敞收纳区来存储书籍。

2. 玄关收纳柜的柜门做成了与墙面相同的白色，使其隐藏起来，让此区域的设计显得更统一。餐厅侧墙做成了悬吊式的柜子，可以洗手，还可以存储常用调料、小家电、餐具等厨房无处摆放的物品。

# 状况十三 客卫门正对餐厅，用餐如厕都尴尬

## 户型基本参数

**整体面积**：119 平方米

**横向长度**：15 米

**纵向宽度**：9.7 米

**层高（毛坯）**：2.7 米

## 状况描述

这是一个比较常规的户型，客厅占据了面积最大的空间，比较私密的区域分布在一侧，客卫、餐厅和厨房则集中在另一侧。比较显著的问题就是，客卫的门正对着餐厅，这样的布局不仅容易让餐厅内味道不佳，同时使用起来也会感到很尴尬。

改变门方向＋镂空隔断阻隔视线

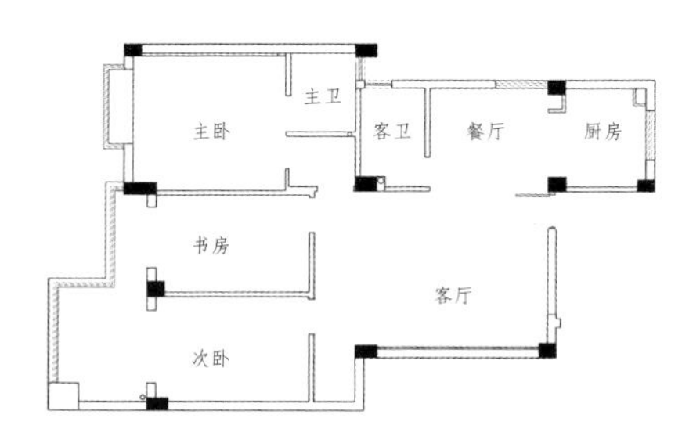


原始平面图

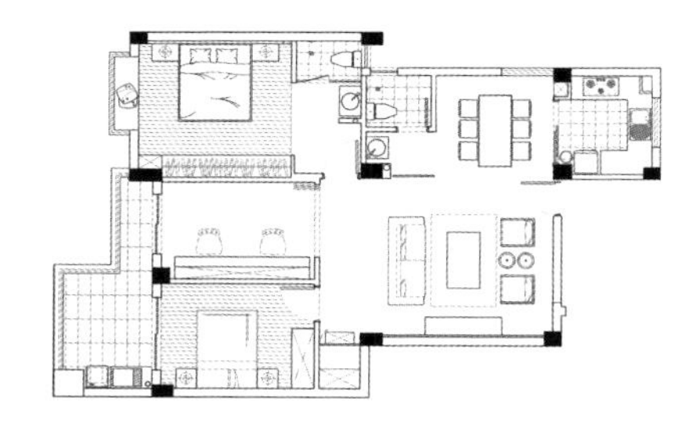

改造后平面图

1. 业主敲掉了客卫中的部分隔墙，将原来面向餐厅的门改到了侧面墙壁上，使其面对客厅。洗手池外露做成干湿分区，这样洗手就变得非常方便。洗手池面向客厅的一侧用木质镂空隔断分隔，阻隔了客厅方向的视线，避免了尴尬。

2. 书房部分的门口拓宽，将平开门改成了折叠门，打开时可以让阳台的光线照射到客厅中，增加客厅的采光，让公共区显得更明亮。

3. 主卧内卫生间和隔墙形成了一个较难利用的方形空间，业主将主卫面积缩小，其余隔墙敲掉，主卫内部摆放坐便器，洁面盆开敞放置。

## 改造 案例解析 Case analysis

用隔断遮挡客卫门

厨房使用玻璃推拉门

### 改造小技巧

1. 客卫和客厅之间采用镂空花纹的木质隔断进行间隔，可以阻挡客厅的视线的同时，并不会阻碍客厅光线的进入。

2. 餐厅和厨房之间使用了玻璃推拉门，节省面积方便开启，同时关闭后可以阻隔厨房的油烟，又不会妨碍餐厅的采光。

书房门由平开门改成了折叠门

利用凹陷摆放装饰柜

## 改造小技巧

3. 书房原来的平开门改成了现在的折叠门，折叠门可以灵活地界定空间界限，完全开敞后能够让书房的光线进入客厅，增加明亮度。

4. 次卧和客厅主题墙之间有一块由柱子造成的凹陷位置，业主将其利用起来，摆放了一个装饰柜，使其不再显得突兀。

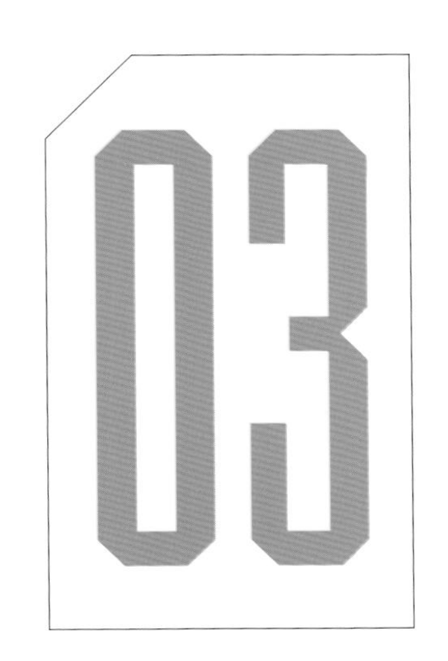

# 破解户型问题三

# 房间采光差，白天也昏暗

当天气晴朗的时候，人们会觉得阳光明媚，心情也很愉悦；当天空阴暗的时候，心情也会随之变得压抑、阴郁，可见光照对人的心理有着非常重要的影响。家是心灵的港湾，如果家居环境中的采光不佳，即使白天也显得很昏暗，就会让人们感觉郁闷，装饰得再漂亮，也会大打折扣，长此以往还容易让人患有心理疾病。所以与舒适的格局同等重要的是，家居中应该有非常好的自然光照，就是购房时常说的采光要好。若买到了采光不佳的户型，可以通过一些手段来进行改善，使昏暗的房间变得明亮。

# 状况一 夹层遮挡光线，回家没有好心情

## 状况描述

这是一个自带夹层的小户型，两层面积是 46 平方米，夹层部分将窗分成了两部分，因为高度有限，所以一层让人感觉很压抑，尤其是进门处很阴暗。

## 户型基本参数

**整体面积**：46 平方米
**横向长度**：6.6 米
**纵向宽度**：3.4 米
**层高（毛坯）**：4.5 米

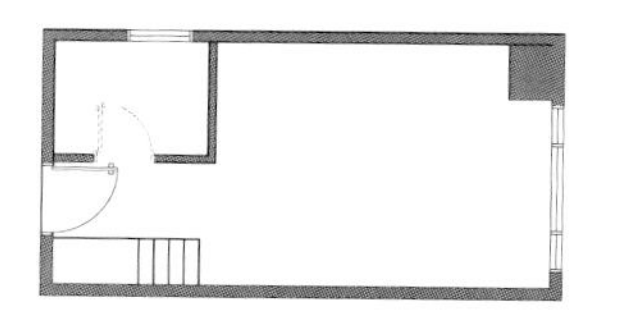
原始一层平面图

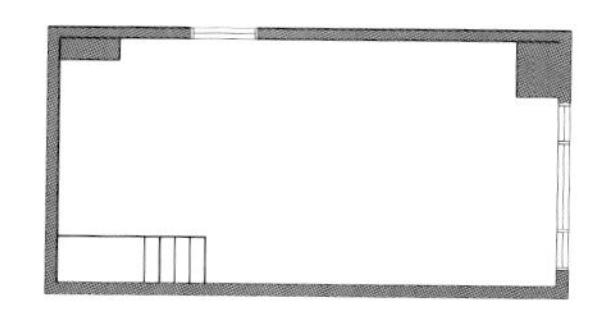
原始夹层平面图

## 改造方案

部分夹层地面改成钢化玻璃

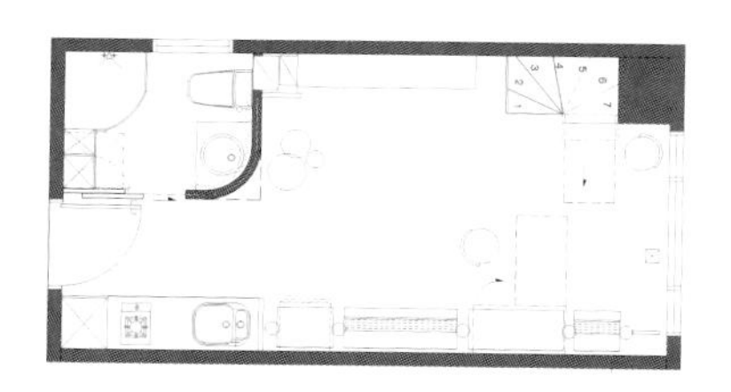
改造后一层平面图

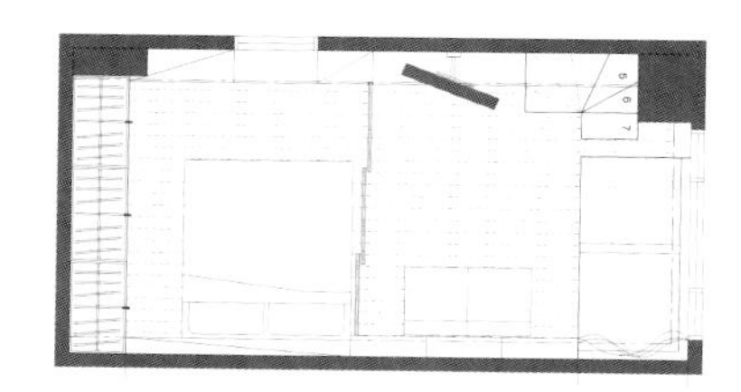
改造后夹层平面图

## 改造细节 Renovation

1. 开发商设计时就是自带夹层的格局，所以窗分成了上下两个部分，而因为夹层全部为实体材质，所以采光面积有限，就显得一层很阴暗。设计师想用透光性好的材质来代替部分实体地面，增加一层的采光面积，从透光程度和安全性结合考虑，最后使用了安全性高的钢化玻璃。

2. 原有结构的楼梯在入户门附近，若不改变其位置，日常使用很麻烦，将楼梯改到窗户附近后，不仅使用方便，也不会遮挡采光。

3. 为了让玻璃地面看起来更合理，同时进一步节省空间，将楼梯从门口移到了窗旁边，并由原来的直线形改成了折线形。

## 改造 案例解析 Case analysis

原门口楼梯更改位置

部分地面改成钢化玻璃

### 改造小技巧

1. 在进行改造前，楼梯设计在了入户门旁边，非常浪费空间，且在门口的位置上，夹层部分的床或沙发就需要靠窗来摆放，若换成玻璃地面就非常没有安全感。

2. 夹层处连接楼梯的地面换成了透明的钢化玻璃，使用起来很安全，同时使上下的窗连接起来，加大了一层的采光面积，使其不再压抑、昏暗。

# 状况二 窗在两侧短边墙，公共区黑漆漆

## 户型基本参数

**整体面积**：67 平方米

**横向长度**：12 米

**纵向宽度**：5.6 米

**层高（毛坯）**：2.7 米

## 状况描述

这是一个框架结构的户型，除了卫生间和厨房外，全部开敞，方便业主根据需要自己进行间隔。从现有的结构来看，让动线更舒适的情况下，左侧比较适合作为卧室区域来使用，但窗集中在两侧短边墙上。如果将客厅与餐厅放在一侧，客厅的采光面积十分有限，就显得比较昏暗，所以如何扩大公共区的采光面积是设计师首先要解决的问题。

砸除隔墙 + 安装推拉门增加光线

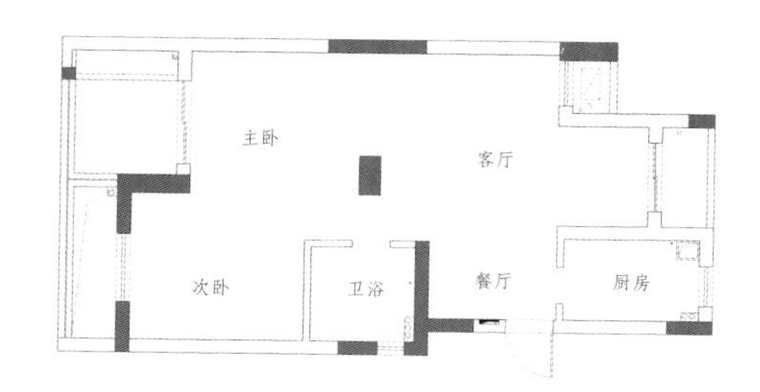


原始平面图

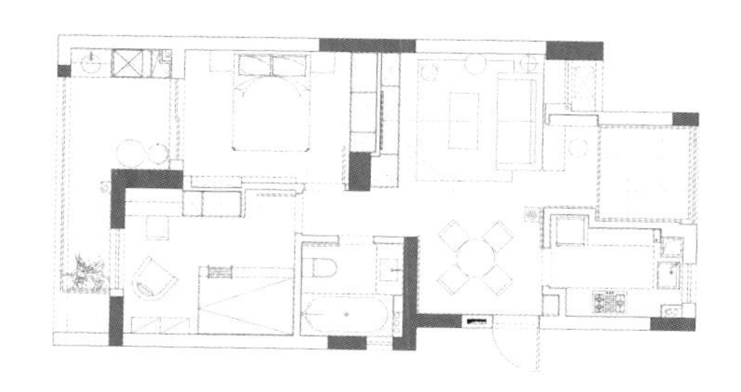

改造后平面图

1. 首先是建立隔墙，将两个卧室的区域划分出来，将现有隔墙和中央部位的柱子走势结合，划分出两个卧室。

2. 客厅区域有一个外凸的部分，与阳台采用推拉门分隔，推拉门虽然也能透光，但采光还是有限，业主计划将这部分区域做成榻榻米式的休闲区加小书房，所以推拉门及隔墙被全部敲掉，使其开敞，让光线无阻碍地通过。

3. 在做了结构上的改动后，为了进一步扩大公共区的采光，厨房使用了单扇推拉门。在非使用时间内，推拉门可以完全开敞，增加餐厅内的采光；而在厨房的使用过程中，则可以关闭推拉门隔绝油烟。

## 改造 案例解析 Case analysis

电视墙两侧做成柜子

灵活的厨房推拉门

榻榻米下方可储物

## 改造小技巧

1. 在设计主卧室隔墙的时候，客厅一侧，除了中间摆放电视机的位置外，两侧都做成了柜子，用来增加家居的收纳量，造型上凹凸起伏，非常美观。

2. 休闲区做成了榻榻米的样式，功能非常多样化，下方空间还可用来收纳物品。厨房推拉门采用白色，与白色的墙面组合起来更具整体感。

# 状况三 布局为长条形，采光仅靠客厅窗

## 状况描述

整个户型是一个比较长的条形，室内的光线来源仅有客厅角落内的 L 形窗，光线不足是一个非常大的缺陷。除此之外，怎样在有限空间内完成各个功能区的布置也是需要解决的问题。

## 户型基本参数

**整体面积**：48 平方米

**横向长度**：12 米

**纵向宽度**：4 米

**层高（毛坯）**：4.6 米

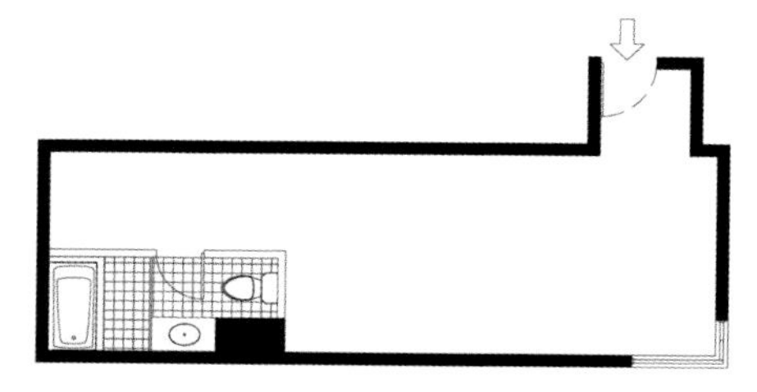

原始平面图

## 改造方案

加设一半面积的夹层，作为睡眠区

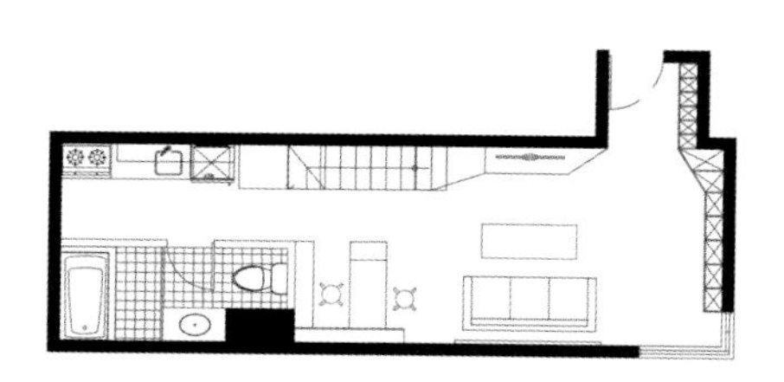

改造后一层平面图

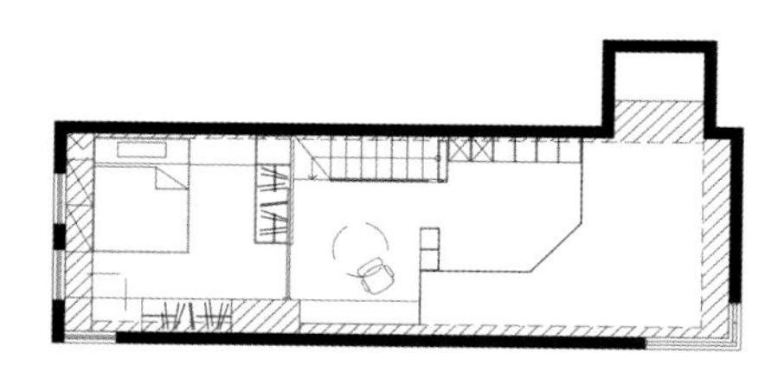

改造后夹层平面图

## 改造细节 Renovation

1. 虽然面积不大，但是高度方面非常具有优势。业主决定增加夹层来扩大使用空间，但日光的来源有限，所以夹层并没有完全覆盖空间，而是将客厅部分做挑高式的处理。

2. 与常见的夹层不同的是，这里的夹层凸出来一部分，做成了多边形，造型上更具个性。夹层隔断使用了玻璃来保证采光，不同的是直线形的部分使用了磨砂玻璃，多边形部分使用了透明的钢化玻璃，增强了隐私性。

3. 楼梯放在了厨房的橱柜一侧，下方做成了柜子的形式，与电视墙看起来更整体，同时增加了收纳量。

## 改造 案例解析
## Case analysis

### 改造小技巧

1. 钢化玻璃具有非常高的安全性，夹层的隔断处使用了两层钢化玻璃，无论从美观性还是安全性分析都更完善，透光性却不打折扣。

2. 楼梯以及楼梯下方的储物柜全部使用白色的材料，使空间显得更整洁的同时，具有一定的反光效果，能够增加明亮度。

# 状况四 大好的阳光，全部被墙遮挡好可惜

## 状况描述

此户型不仅面积很小，且是单面采光，卧室和卫生间部分用隔墙分隔出来，公共区域只能依靠一面窗来采光，显得非常阴暗。除此之外，公共区的面积也不是很充足，餐厅和厨房如果分开基本上不可能实现。

## 户型基本参数

**整体面积**：41 平方米　**横向长度**：6.8 米　**纵向宽度**：6 米　**层高（毛坯）**：2.68 米

砸除卧室隔墙，用玻璃隔墙代替实体墙

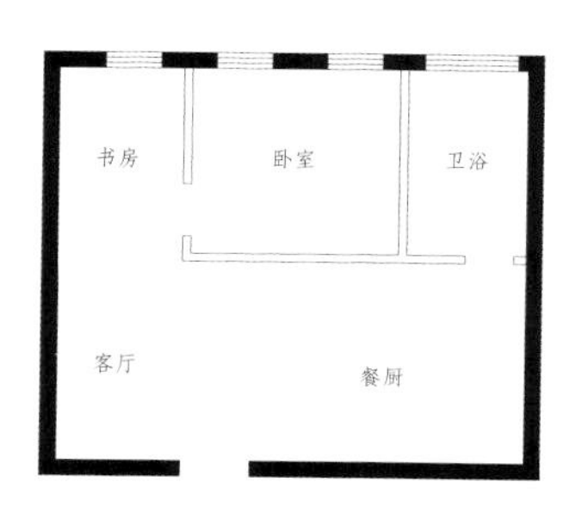


原始平面图

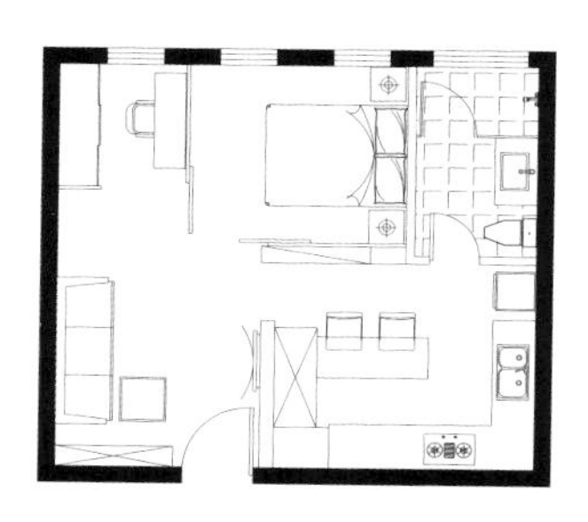

改造后平面图

1. 常住人口是一对年轻的夫妻，所以私密性处理上可以开放一些。设计师根据业主的需求，将卧室墙面敲掉，改成了玻璃墙和推拉门，并将玻璃的中间部分进行磨砂处理，除了遮挡卧室的部分视线外，最大化地引进了光线，改变昏暗的原装。

2. 餐厅和厨房所在的位置非常小，并且没有采光，只好舍弃单独的餐厅，将餐厅和厨房结合起来设计为开敞式。

3. 让厨房开敞后，餐桌用吧台代替，尽量最大化地利用有限的空间，电视墙做成半隔断，使光线无阻碍。

## 改造 案例解析 Case analysis

磨砂处理可遮挡视线

结合玻璃做成储物架

## 改造小技巧

1. 由于私密性要求不是很高，所以玻璃隔墙部分仅在中间的位置上做了磨砂处理，推拉门完全关闭后，透光不透影，可以阻隔部分视线。

2. 玻璃隔断的侧面被利用起来，做成了隔板式的储物架，除了可以摆放一些装饰品来提升生活品质外，还可用来收纳书籍等物品。

# 状况五 老房阳台不开敞，客厅光线阻碍多

## 状况描述

这是一个老房，改造前比较大的问题是公共区的采光不够充足，阳台和客厅之间使用的是门连窗，阻挡了部分阳台的光线。厨房使用的是平开门，内部广角窗的光线同样被隔墙阻隔，使公共区看起来比较拥挤。

## 户型基本参数

**整体面积**：62 平方米　**横向长度**：8.5 米　**纵向宽度**：7.3 米　**层高（毛坯）**：2.65 米

使阳台完全开敞 + 厨房做哑口造型

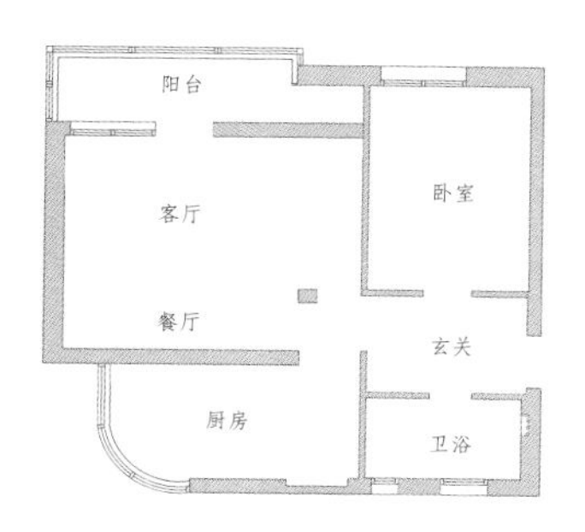


原始平面图

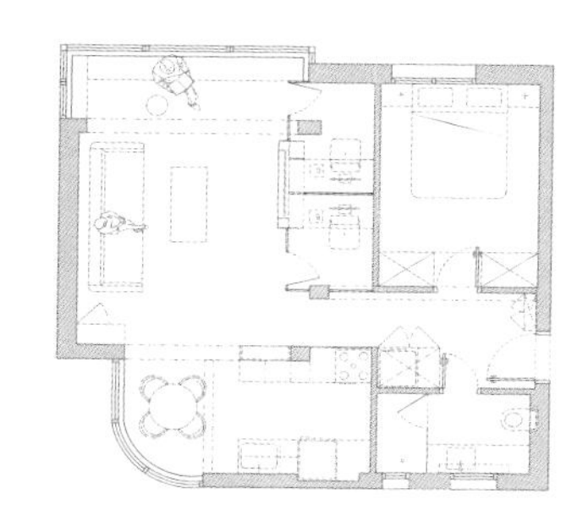

改造后平面图

1. 公共区被阳台和厨房夹在了中间，两侧的窗面积都非常大，采光充足，但是阳台与客厅之间、餐厅与厨房之间的隔墙阻碍了光线的进入。在这种情况下，设计师砸掉了阳台全部以及厨房的部分隔墙，将餐厅挪到了厨房内广角窗的位置上，客厅不仅变得更宽敞，采光也更充足。

2. 卧室和客厅中间用玻璃隔断间隔出了两个小面积的电脑房，通透的材料保证了它们的采光。

3. 厨房隔墙中包裹了一部分柱子，为了不破坏结构并让结构显得更舒适，隔墙保留了一段长度，做成了哑口。

## 改造 案例解析 Case analysis

隔墙使用透明玻璃

阳台部分做成了地台

拐角部分做成收纳柜

低矮造型的储物柜

### 改造小技巧

1.阳台完全开敞后，沿着窗的走势，做了一个地台，可以充当座椅使用的同时，下方还可以用来储物，对小空间来说非常实用；与书房之间的隔墙大部分采用透明玻璃，使书房光线更充足。

2.厨房门口做成了哑口后，靠近沙发墙的一侧做成了格子造型双面都可储物的收纳柜，另一侧则靠着柱子的走势摆放了一个低矮的储物柜，作为隔断使用的同时还可以储物。

# 状况六 格局很奇怪，客厅竟然没有窗

## 户型基本参数

**整体面积**：68 平方米

**横向长度**：9.7 米

**纵向宽度**：7.7 米

**层高（毛坯）**：2.8 米

## 状况描述

此案例属于小户型中比较宽敞的类型，虽然面积不大但五脏俱全，也是比较理想的单身居所。原结构中客厅和餐厅没有直接光照，比较阴暗，是格局上比较明显的缺陷。除此之外，有两个可以作为卧室的空间，但业主并不需要，计划将其中一个作为书房，且书房并不需要很高的私密性，而作为书房的空间内，窗的面积是比较宽敞的。

用透明玻璃推拉门取代实体墙

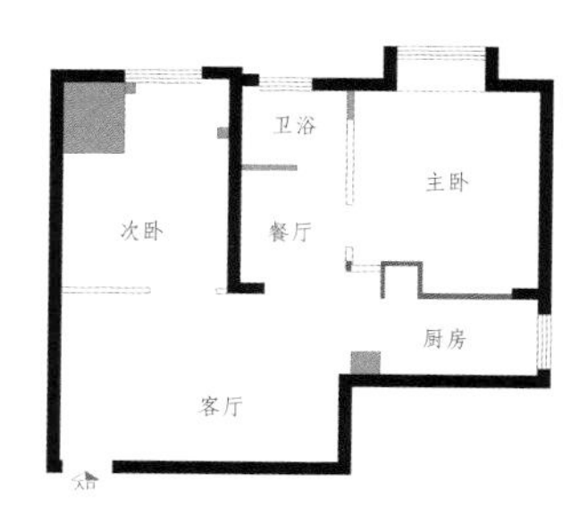


原始平面图

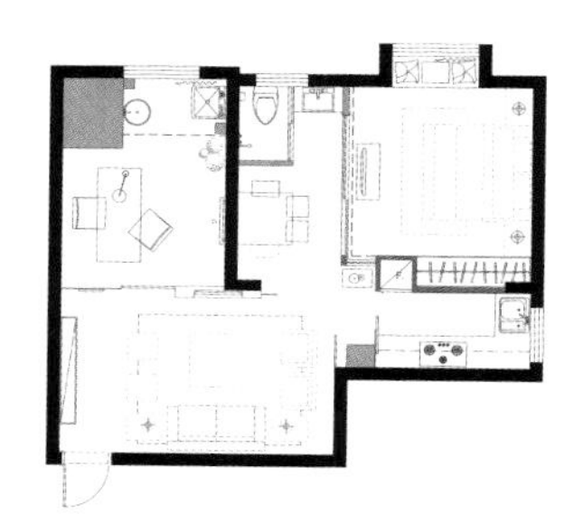

改造后平面图

1. 设计师咨询了业主具体要求后，将书房与客厅之间的隔墙全部敲掉，原有门口的位置重新做了一部分隔墙作为电视墙，旁边使用玻璃推拉门，这样既有了悬挂电视的地方又能够使阳台的光线照射到客厅中，改变客厅没有窗而过于阴暗的原状。

2. 卧室同样将实体墙改成了透明玻璃推拉门，卫生间门侧开露出部分窗，为餐厅带来光线。

3. 厨房位于客厅的侧面，内部有窗，为了让客厅具有充足的光线，厨房同样使用了透明玻璃推拉门，无论开启还是关闭时都不会阻碍光线。

## 改造 案例解析 Case analysis

客厅侧墙使用水银镜

推拉门内部使用帘幕

## 改造小技巧

1.设计师在客厅以及书房的部分墙面上使用水银镜，白天折射光线，夜晚折射顶面经过特别设计的漂亮灯光，用视觉上的错觉以及镜面折射光线的特点补光，增加宽敞、明亮的感觉。

2.家中常住人口只有两人，不需要很强的隐私性，为了让餐厅更明亮一些，卧室的隔墙换成了玻璃推拉门，内部悬挂帘幕，夜间可以拉开帘子给人心理上的安全感。

# 状况七 客厅采光仅靠卧室门，白天也昏暗

## 户型基本参数

**整体面积**：40 平方米

**横向长度**：9.8 米

**纵向宽度**：4.1 米

**层高（毛坯）**：2.7 米

## 状况描述

这是一个 L 形的小户型，卫生间、厨房及餐厅集中分布在直线的区域中，拐角位置分别是客厅和卧室。此案例存在的最大问题是，未做改动前客厅在白天没有直接的光源，只能靠卧室的门和餐厅的门联窗借一点光线，延伸出去的过道至入户门的这段距离，就显得更加昏暗，让人觉得小而压抑。

让卧室开敞，为客厅引入充足光线

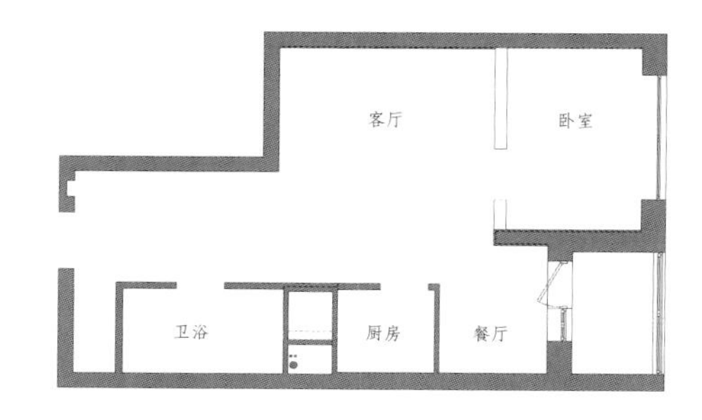


原始平面图

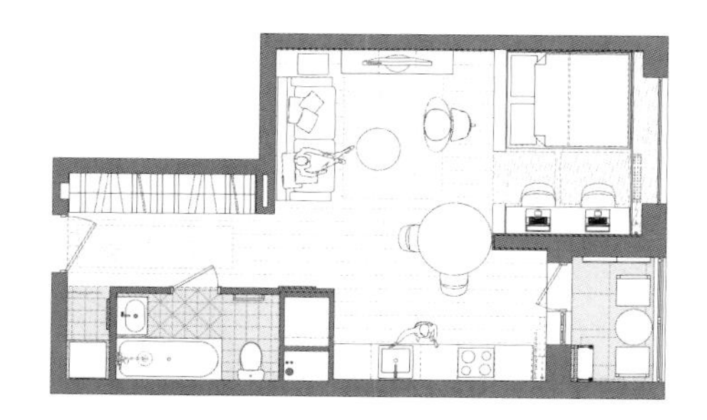

改造后平面图

1. 从现有的布局分析，功能区的位置并不需要做太大的改动，唯一需要解决的问题是客厅的采光问题。卧室与客厅之间的墙壁是阻碍光线的最大障碍，确定了它为非承重墙后，业主选择将其全部砸掉。

2. 餐厅和厨房都比较拥挤，同样将厨房与餐厅之间的隔墙砸除后，橱柜选择一字形摆放，餐桌放在了客厅和厨房之间，采用了小圆桌，占地面积小且能够坐下比较多的人。

3. 卧室隔墙去掉后，业主希望可以与客厅有一个比较明显的分区，设计师将这个区域设计成了地台，并搭配了半隔断。

## 改造案例解析 Case analysis

隔断做成柜子的形式

地台下方做成抽屉

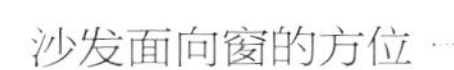

### 改造小技巧

1.卧室地台下方做成了抽屉的形式，可以存储一些物品，并方便以抽拉的形式来存取；客厅与卧室之间的隔断也做成了柜子的形式，以提高收纳量。

2.沙发有多种摆放方式，业主选择面向卧室窗的方向来布置，可以使人直对光线，增添心理的愉悦感。

# 状况八 客厅窗面积小，感觉不够明亮

## 状况描述

这是一个比较旧的户型，客厅与阳台之间使用的是门连窗，业主并不想对这部分的结构进行改动，所以客厅的采光仅靠比较小面积的窗和玻璃门，延伸到餐厅空间的时候，就显得有些昏暗不够明亮，影响食欲。

## 户型基本参数

**整体面积**：56 平方米　**横向长度**：9.8 米　**纵向宽度**：5.7 米　**层高（毛坯）**：2.78 米

将卧室的实体墙改成隔断，将光线引入公共区

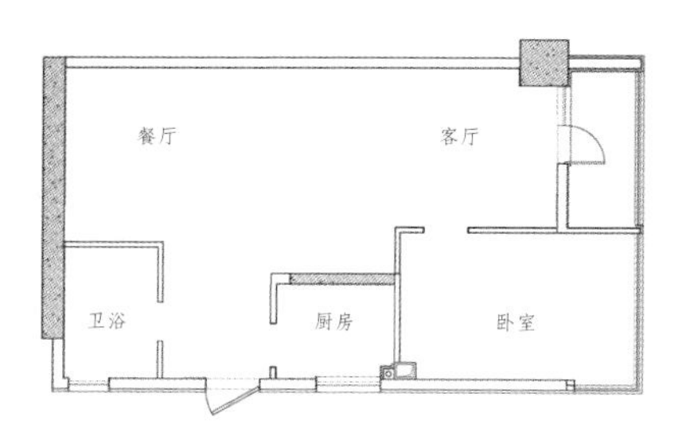


原始平面图

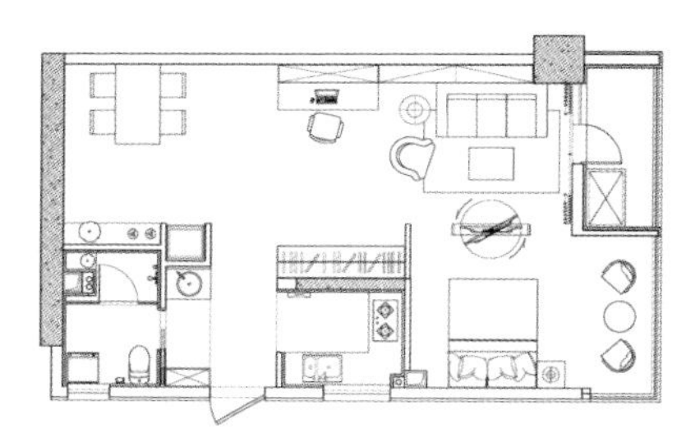

改造后平面图

1. 客厅窗的面积虽然比较小，但还是有光线可以进入的，但餐厅距离客厅比较远，且完全没有窗。设计师采用了两种方式来为公共区引进更多的光线，一是利用大窗的卧室，将其与客厅之间的隔墙敲掉，电视用立柱固定；二是将厨房开敞，为客厅引进部分厨房窗的光线。

2. 卫生间的面积比较小，为了实现干湿分离以及有摆放冰箱的位置，将隔墙横向和纵向都延长，洁面盆挪到了外侧，隔壁摆放冰箱。

3. 卧室原来的隔墙与厨房形成了一个一字形空间，改造时，在这部分空间中摆放了一个黄色玻璃的衣柜用来储物。

## 改造 案例解析 Case analysis

立柱式可旋转电视墙

玻璃衣橱，个性且具有很好的透光性能

### 改造小技巧

1.卧室隔墙敲掉后，电视面临无处摆放的问题，设计师别出心裁地用立柱将电视固定在了沙发对面，不仅让卧室光线无阻碍通过，同时还可以用旋转的方式满足两个空间观影的需求。

2.客厅和餐厅之间，设计了一个黄色玻璃的衣橱，彰显时尚感和个性的同时，还可以让卧室内的光线无阻碍地进入餐厅中。

# 状况九 餐厨推拉门，阻挡客厅光线

## 状况描述

此户型为三室一厅的格局，整体为比较规整的方形，三个卧室采光都比较好，面积分配也很合理；缺点是公共区域仅有一厅，同时作为客厅和餐厅不够用，显得很拥挤，且客厅自然光照不足，仅依靠门厅处的推拉门透进阳光。

## 户型基本参数

**整体面积**：86 平方米　**横向长度**：8.5 米　**纵向宽度**：12 米　**层高（毛坯）**：2.72 米

敲掉餐厅隔墙 + 玻璃推拉门引入光线

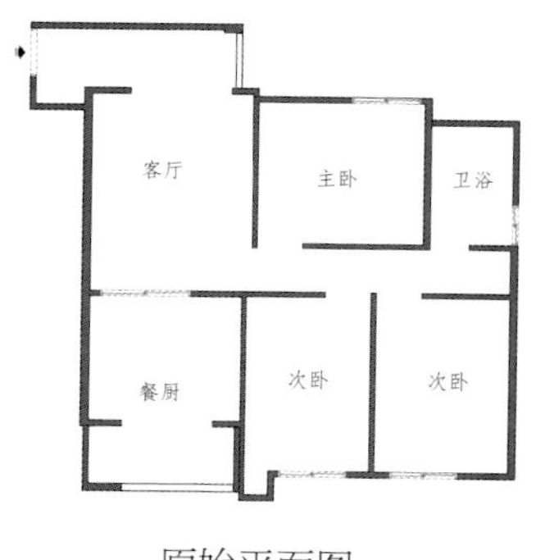


原始平面图

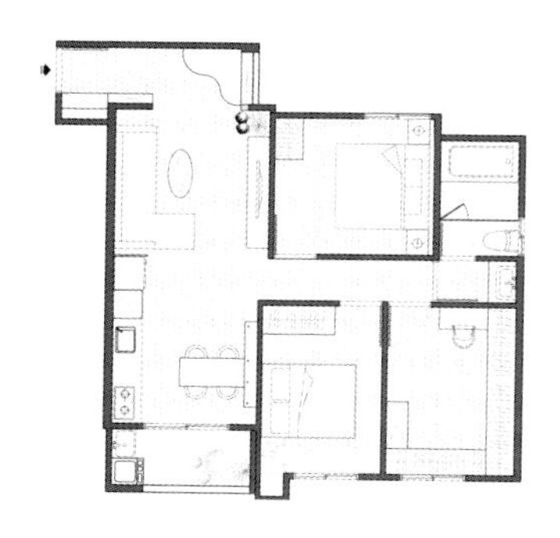

改造后平面图

1. 业主需要两个卧室和一个更衣间，原格局中的三个卧室刚好满足需求。墙体不能移动，为了满足公共区的使用需求，将餐厅的隔墙敲掉，做成开敞式。阳台使用玻璃推拉门，为客厅和餐厅带来充足的光照，改变原有的昏暗状态。

2. 将过道的一部分做成了卫生间的干区，洗漱盆安置在这里，并加设了一道平开门，扩大了卫生间的面积。内部采用玻璃隔断搭配玻璃平开门实现了干湿分区，保证了采光的同时隔绝了湿气。

3. 阳台改造了水路，将洗衣机安置在这里，解决了卫生间内没有地方摆放洗衣机的问题。

改造 案例解析
Case analysis

橱柜靠一侧摆放

哑口引入玄关光线

## 改造小技巧

1.将餐厨空间开敞后，厨房成一字形设置，沿着沙发一侧的墙面，与沙发之间用隔断分隔，阳台使用玻璃推拉门，保证了公共区的采光。

2.玄关空间内有一面小窗，所以客厅与玄关之间保留了哑口的设计，为客厅靠近入户门的一侧增加了一些采光。

# 状况十 餐厅被夹击，四周隔墙门多而且没有窗

## 户型基本参数

**整体面积**：65 平方米
**横向长度**：9 米
**纵向宽度**：8.4 米
**层高（毛坯）**：2.65 米

## 状况描述

本案的各区域分布对于此种户型来说是比较合理的，所以整体无需做大的改动。唯一的问题是，餐厅的位置比较尴尬，它被四周的隔墙包围在中间，且每道墙上都有门，就是没有可供采光用的窗，这样餐厅显得昏暗又闭塞，人进入后感觉很憋闷。

客厅和餐厅之间的实体墙改成隔断

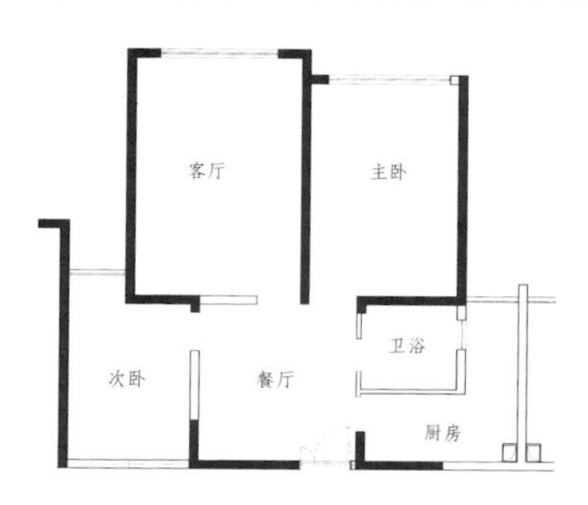


原始平面图

改造后平面图

1. 餐厅虽然有很多门，但想要让其有比较好的采光，只能依靠客厅的窗来提供，其他部分无法做大的改动。所以设计师选择将客厅和餐厅之间的隔墙敲掉，用镂空式的储物架作为隔断，使客厅中的光线无阻碍地进入餐厅。

2. 由于卫生间的面积比较小，摆放了洁具后，洗衣机就无处摆放，所以将厨房中的拐角部分隔出来，用来摆放洗衣机。

3. 客厅空间比较宽敞，使用转角沙发后还剩余了部分空间，将一个小桌子摆放在这里，搭配两把椅子，就成了一个休闲区。

## 改造 案例解析 Case analysis

沙发墙部分使用黑镜

餐厅墙面使用黑镜装饰

客厅和餐厅用储物架作隔断

### 改造小技巧

1.沙发背景墙靠近餐厅的方向使用了一部分黑镜作装饰，增强时尚感的同时，具有一定的折射作用，可以增加餐厅的采光。

2.客厅和餐厅之间的隔墙去除后，采用了一个镂空式的储物架作隔断，可以让光线穿透的同时还具有装饰作用。

# 状况十一 餐厅窗太小，很憋闷，影响食欲

## 状况描述

从平面图可以看出来，该户型中各功能区的分布比较规整，较宽敞的一侧是客厅和餐厅，开间较短的一侧是卧室、卫生间和厨房，其中卫生间和厨房非常拥挤，难以布置。除此之外，餐厅被隔墙包围在了入户门一侧，光照来源仅靠隔墙上的一面窗，显得有些憋闷。

## 户型基本参数

**整体面积**：62 平方米　**横向长度**：8 米　**纵向宽度**：7.8 米　**层高（毛坯）**：2.75 米

## 改造方案

隔墙内移隔出储物间，餐厅与客厅合并

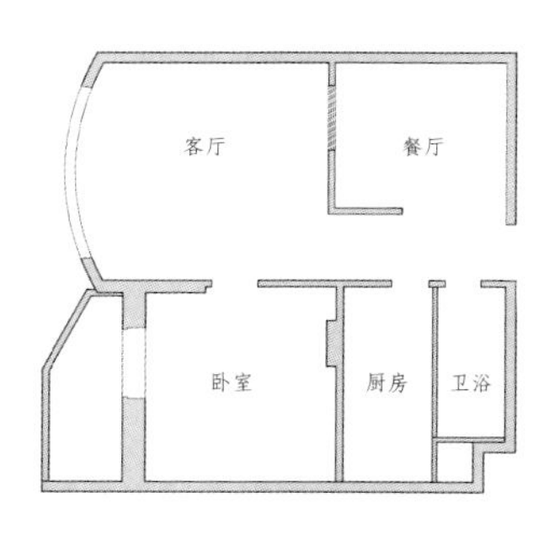


原始平面图

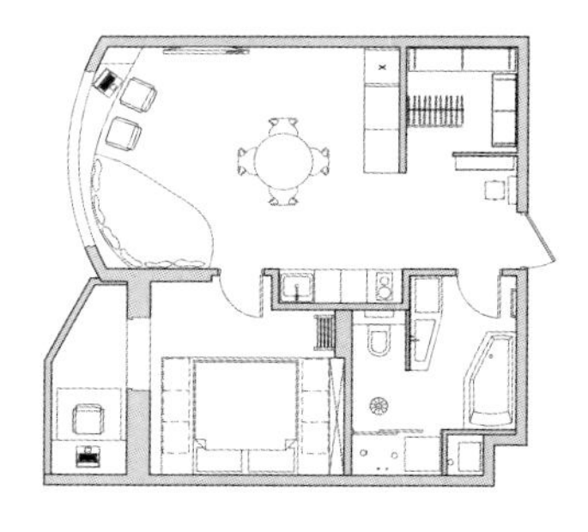

改造后平面图

1. 相对来说客厅是非常宽敞的，同时门口缺少摆放鞋柜的位置，业主并不需要太大的客厅反而需要一个储物间，所以将原有餐厅的隔墙向入户门方向移动，作为储物间使用，餐厅移到客厅中。

2. 改造之前的厨房和卫生间是两个长条形，非常狭窄，使用起来很不方便，业主想要宽敞一些的功能齐全的卫生间，比起淋浴更喜欢泡浴，所以将两部分空间合并成一个卫生间，使用原来卫生间的门进出。

3. 因为人口简单，所以厨房并不需要太大的空间，在改进卫生间的时候，将与公共区相邻的隔墙向卧室方向缩进了一个橱柜的宽度，摆放橱柜。

## 改造 案例解析 Case analysis

靠墙壁做成搁架储物

隔墙改成内凹式

### 改造小技巧

1. 卫生间外侧的墙面，做成了搁架式的储物空间，其中一部分留出了冰箱的位置，其余部分均为开敞隔板，方便存储和取用物品。

2. 重建卫生间隔墙时，考虑到了橱柜的摆放问题，从餐厅看有一部分是内凹的造型，使橱柜完整地嵌入进去，感觉更规整。

# 状况十二 无用隔墙太多，导致过道采光不佳

## 状况描述

长条形的公共区以及均匀分布两侧的其他功能区，使空间内产生了一条狭长形的过道，过道中没有窗，采光只能依靠客厅中的窗，所以尽头的区域即使在白天也显得比较阴暗，如何让过道更明亮且舒适是业主想要解决的问题。

## 户型基本参数

**整体面积**：146 平方米　**横向长度**：15.2 米　**纵向宽度**：9.6 米　**层高（毛坯）**：2.82 米

厨房改为开敞式 + 更改次卧门缩短过道距离

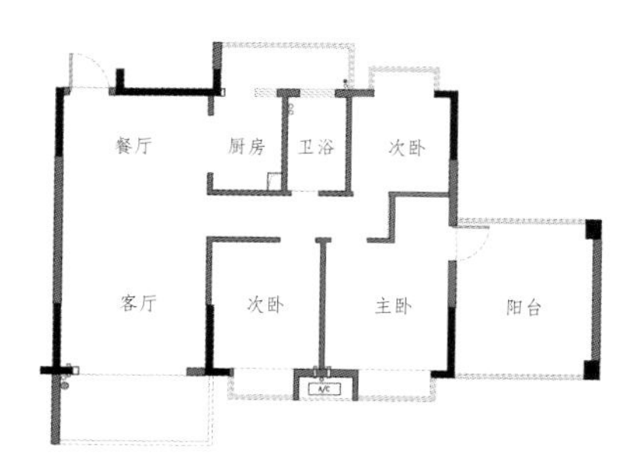


原始平面图

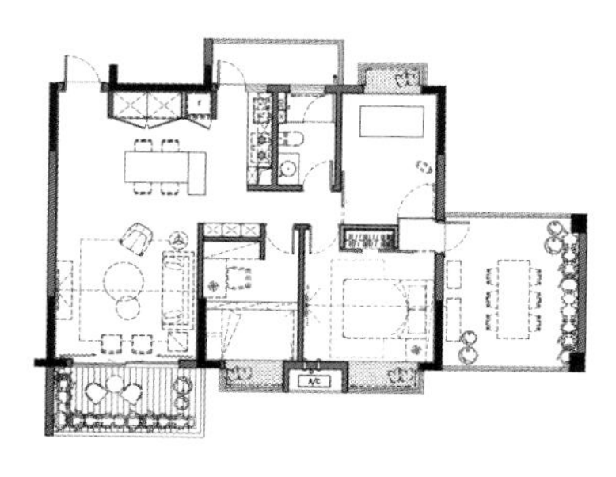

改造后平面图

1. 狭长过道的开端部分为厨房和次卧，其中次卧的墙壁不能缩短，只能从厨房的位置进行改造。改造前的厨房比较窄小，所以干脆将厨房的隔墙砸除，使其开敞，过道的长度就大大缩短了。入户门至厨房之间的位置设计了一个壁柜，用来储物。

2. 次卧仅需要摆放单人床和书桌，所以将隔墙向内部移动了一段距离，走廊部分做成了一个酒柜。

3. 主卧中包含了通向阳台的门，所以没有合适的位置摆放衣橱，将主卧与次卧之间的隔墙向次卧方向挪动了一部分，做成衣橱，次卧门更改方向。

## 改造 案例解析 Case analysis

整体式壁柜用来储物

墙壁内移放置酒柜

## 改造小技巧

1. 厨房开敞后，餐厅显得更加宽敞，所以将入户门与厨房之间的区域靠墙做成了直达顶部的壁柜，用来存放鞋子及外出使用的衣物，使用白色材料，使其显得更轻盈。

2. 客厅相邻的次卧室与过道之间的隔墙，向卧室方向移动了350厘米左右的宽度，做成了柜子和隔板组合的酒柜，方便厨房和餐厅内的人取用。

# 状况十三 书房没有窗，白天也要开灯照明

## 户型基本参数

**整体面积**：89 平方米

**横向长度**：11 米

**纵向宽度**：9.8 米

**层高（毛坯）**：2.75 米

## 状况描述

空间内有三个房间可以作为卧室使用，其中一个业主计划做成书房，其中两个的面积都比较合适，而与入户门临近的房间内却没有窗，作为卧室不合适，只能作为书房使用。业主希望在书房工作时能保持比较愉悦的心情，但没有采光只能依靠人工照明的书房显然不理想。

去掉书房的隔墙，使其开敞

原始平面图

改造后平面图

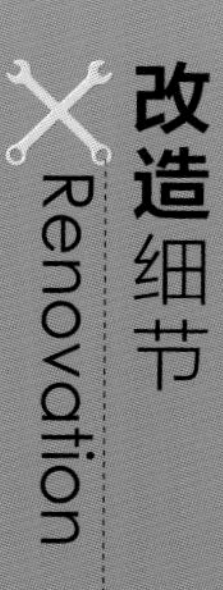


1. 计划作为书房使用的空间，墙壁全部为非承重隔墙，与业主商议后，设计师决定将书房的隔墙全部敲掉，让它开敞，这样就可以让客厅的光线完全照射到书房中。

2. 厨房和主卫的面积都有些小，尤其是主卫，洁具很难全面摆放。为了操作方便，将厨房做成了开敞式设计，向厨房方向移动了一部分主卫与厨房之间的隔墙，不妨碍厨房使用的同时扩大了主卫面积。

3. 厨房的隔墙并没有完全砸除，开敞式的厨房在整洁性和美观性方面要求比较高，所以保留了部分隔墙，使其外延与冰箱门持平。

## 改造 案例解析 Case analysis

书房原有隔墙砸除

利用墙面空间做书橱

部分隔板做书桌使用

### 改造小技巧

1. 业主对书房的封闭性没有要求，为了让书房拥有自然光照，将原有书房位置的隔墙全部砸除，使其开敞，让公共区显得更为宽敞、通透。

2. 在书房和客厅之间有一根突出的柱子，设计师将柱子旁边的墙面利用起来，做成了隔板式的书橱，外延刚好与柱子持平，下方安装一块隔板，增加书桌的长度。

厨房隔墙砸除做成开敞式

一侧使用条形餐椅，可增加使用人数

## 改造小技巧

3. 厨房隔墙砸除了靠近主卫的一侧，使厨房开敞，让餐厨空间看起来更宽敞。另一侧保留了与冰箱宽度相同的长度，方便摆放冰箱，使其内嵌，让开敞后的厨房显得更整齐。

4. 改造后的餐厅区域，虽然很宽敞，但家里经常招待客人，需要的座椅比较多，所以一侧摆放了三张单独的座椅，另一侧则使用条形餐椅。

04

# 破解户型问题 四

# 空间太狭长，导致比例失衡

在一些房间比较多的户型中，很容易出现一些比较狭长的空间，例如客厅、过道、卧室等，其中最容易出现的是狭长的过道。狭长的空间横向和纵向尺寸相差较多，给人失衡的感觉，若同时采光不佳或房高过高，则让人感觉很难受。当家中出现这类的狭长区域时，建议首先考虑能否将部分空间的实体墙换成折叠门、玻璃墙等较为通透的形式来缩短其视觉长度，此外还可以通过增加软性隔断等方式来平衡整体比例。

# 状况一　两道隔墙，分出两个狭长区域

## 状况描述

业主为家庭办公一族，需要在家中有一个与卧室分开的相对独立的办公区，计划将办公区放在公共区域中，但目前的公共区拐角多，餐厅到客厅经常走动，很难布置一个相对安静的区域。

## 户型基本参数

**整体面积**：98 平方米　　**横向长度**：11.7 米　　**纵向宽度**：8.4 米　　**层高（毛坯）**：2.77 米

去掉狭长区的隔墙后，功能区大换位

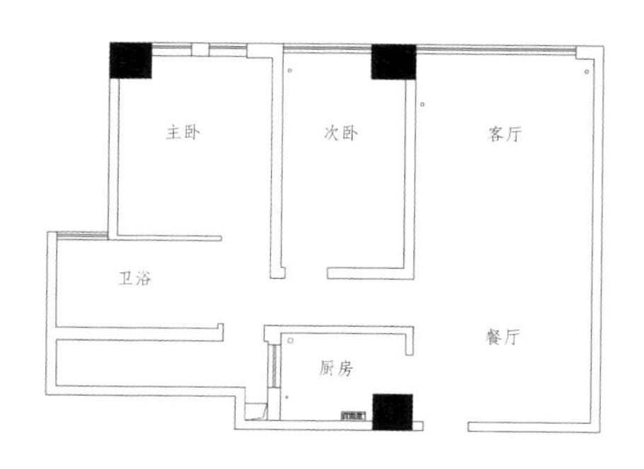


原始平面图

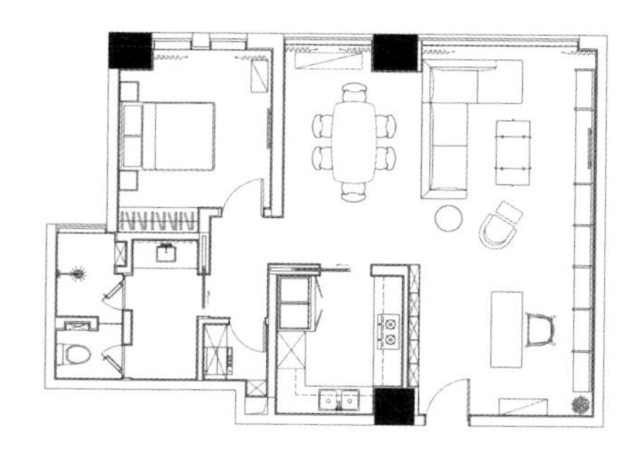

改造后平面图

1. 未改动之前，客厅和餐厅是一个长条形，卧室有两个，厨房和卫生间的面积都比较小。从业主的需求来说，只需要一个卧室和一个工作区，并希望其他区域可以宽敞一些。敲掉了次卧与客厅之间的隔墙，将餐厅挪到了原来次卧的位置上，厨房扩建，门正对餐厅，让动线更舒适。

2. 将原来餐厅的位置规划为开敞式的工作区，由于客厅敲掉一面墙后，电视墙只能放在长墙一侧，所以书橱与电视墙进行了一体式设计。

3. 原有卫生间隔壁有一个狭长的储藏室，将两者之间的隔墙全部敲掉，储藏室的面积缩小改成洗衣房，卫浴空间变得更宽敞。

## 改造案例解析 Case analysis

原有隔墙砸掉保留结构梁

厨房隔墙增长面积扩大

### 改造小技巧

1.将原有次卧的隔墙敲掉，但保留了结构梁。次卧变成了餐厅，公共区成方形，比例更舒适，使用起来也更加方便。

2.次卧墙被敲掉后，与主卧相邻的墙为了保持一致性也随之缩短，厨房原来比较拥挤，将隔墙敲掉后向过道方向做了一些扩张，使用单扇推拉门，更节省空间。

# 状况二 客厅超狭长，怎么摆放都空旷

## 户型基本参数

**整体面积**：115 平方米

**横向长度**：11.5 米

**纵向宽度**：10 米

**层高（毛坯）**：2.78 米

## 状况描述

此案的客厅空间面积很大，是一个狭长的形状，与餐厅相比较，显得有些比例失衡，无论怎么摆放沙发都显得有些空旷。其中一部分非常适合间隔成一个小的卧室，但是业主并不需要，想要在保持现有的通透感的同时，规划出一个开敞式的工作区。

移动隔墙＋软性分区，分化面积

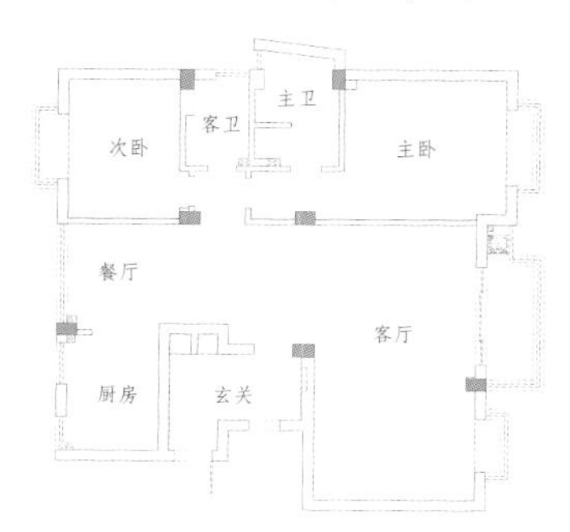


原始平面图

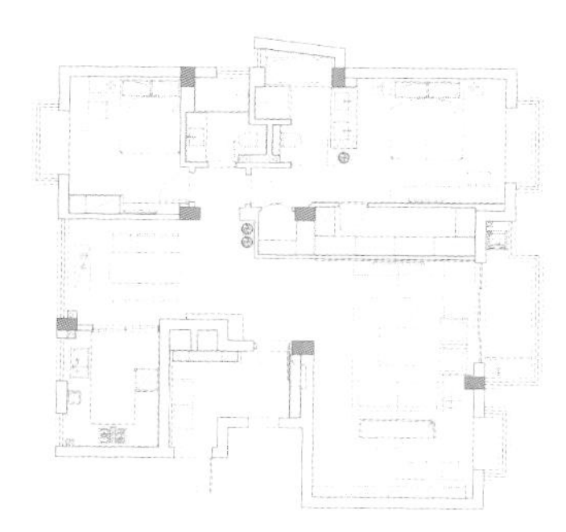

改造后平面图

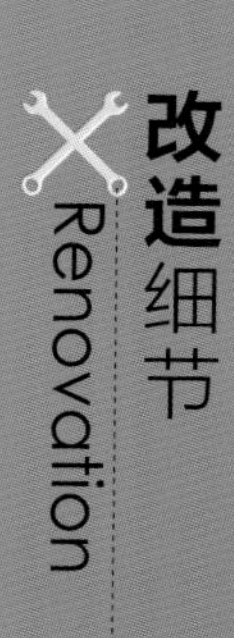


1. 工作区并不需要太大的面积，所以即使将一部分空间做成工作区使用后，客厅仍显得比较长，而原来主卧室的面积虽然比较合适，但是储物空间无法满足业主的需求。所以在将客厅后部分作为开敞式工作区使用的同时，将主卧的隔墙向外移动了部分位置，做成了步入式更衣间。

2. 虽然主卧室的隔墙向外进行了移动，但是原有的门位置不变，更衣间的门设计在主卧室内，并利用柱子将这个区域分成了两部分。

3. 有了更衣间后主卧室无需在侧墙摆放柜子，原来的主卫面积有些拥挤，因此将隔墙外扩一些，增大了主卫的面积。

## 改造 案例解析 Case analysis

工作区采用半隔断

造型师储物格同时具有装饰性

更衣间墙面使用镜子

### 改造小技巧

1.工作区和客厅之间采用半高的隔断进行分区，划分出了不同功能区的同时，并不阻碍光线。工作区的墙面储物格做了一些斜线造型，强化了客厅的装饰感。

2.步入式更衣间的面积比较小，与主卧相邻的这面墙全部用水银镜进行粘贴，力求让空间显得更加宽敞一些，同时还能作为穿衣镜使用。

# 状况三 过道窄又长，昏暗又压抑

## 状况描述

这是一个整体呈长条形的户型，由于厨房和卫生间的位置在中间，所以公共区两侧出现了两条非常狭长的过道区域，窄且长，破坏了整体的比例，使人感觉非常不舒服。怎么样改变这两条过道是急需解决的问题。

## 户型基本参数

**整体面积**：73 平方米　**横向长度**：13 米　**纵向宽度**：5.6 米　**层高（毛坯）**：2.6 米

## 改造方案

拆除并重建部分间隔，将部分过道变成厨房

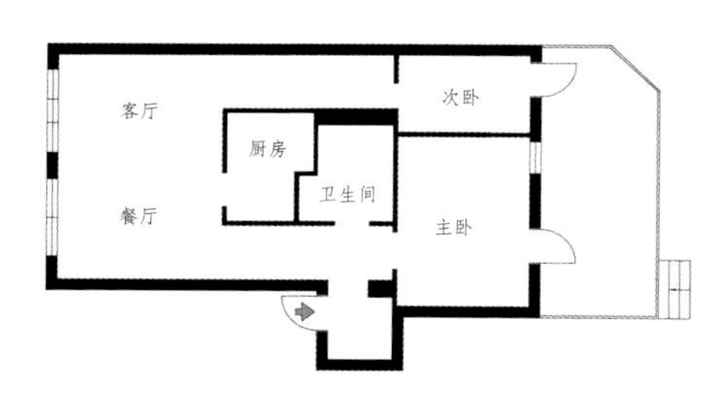


原始平面图

改造后平面图

## 改造细节 Renovation

1. 之所以出现狭长的过道，是因为卫生间和厨房的位置导致的，现有厨房的面积比较窄小，所以仅保留了一道墙壁，厨房其余部分的隔墙全部敲除后，狭长的区域就消失了。

2. 厨房开敞后，与餐厅邻近的区域摆放操作台，方便上菜，但用做收纳的橱柜数量不足。所以业主将原来通向次卧的过道利用起来，用短隔墙做几道间隔，将橱柜嵌入其中，增加了厨房面积。

3. 虽然厨房到次卧之间还有比较狭长的区域，但由于厨房的开敞处理，距离变短，所以并不让人感觉难以接受。

## 改造 案例解析 Case analysis

利用过道安装橱柜

保留隔墙做电视墙

水槽岛台可兼作吧台

全部使用白色彰显整洁感和宽敞感

### 改造小技巧

1.过道重新建立短隔墙是为了让橱柜嵌进去，使效果看起来更整体。洗菜池部分的岛台作开敞处理，同时还可以作吧台使用，多了一个小的休闲空间。

2.厨房隔墙保留了一部分，是为了让电视有地方悬挂，无论是墙壁还是橱柜全部使用白色，看起来更宽敞、整洁。

# 状况四 一条狭长过道，破坏了整体美观性

## 状况描述

此案例的户型非常规整，客厅、餐厅及主卧一侧面积比较宽敞，另一侧的面积较小，门的均匀分布使中间产生了一条狭长的过道，破坏了整体空间的美观性。同时还有一个问题就是餐厅和厨房的距离比较遥远，使用起来有些不便利。

## 户型基本参数

**整体面积**：73 平方米　**横向长度**：13 米　**纵向宽度**：5.6 米　**层高（毛坯）**：2.6 米

部分空间开敞 + 折叠门灵活区分空间界限

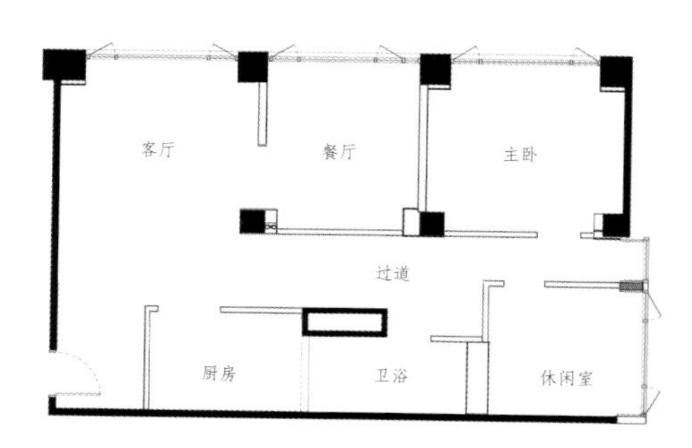


原始平面图

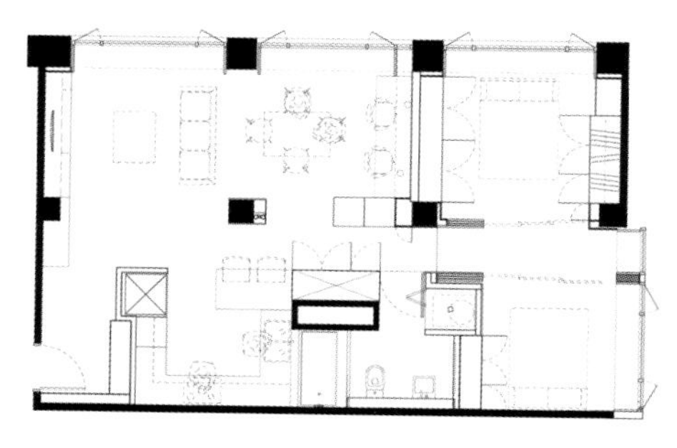

改造后平面图

1. 狭长过道的主要组成部分包括厨房、餐厅以及两个卧室的隔墙，想要缩短过道的长度，就需要对这些墙面进行一些整改，而现有厨房的面积比较小，所以去掉了横向隔墙，使其开敞；同时去掉了餐厅隔墙，让厨房和餐厅路径更短，使用起来更便利。

2. 更改了这两部分的墙体后，长过道基本就消失了。但设计师还进行了进一步的改进，将主卧室和休闲室的横向隔墙敲掉大部分，都改成了折叠门。折叠门可以灵活地折叠收纳，软性划分区域，当完全开敞时，就不存在过道空间了。

## 改造 案例解析 Case analysis

保留柱子其余开敞

折叠门灵活界定空间

1. 餐厅的两面都开敞后，客厅和过道的光线就变得更充足，使整个家居空间都变得非常通透，让人心情愉悦。

2. 主卧室和休闲室的隔墙变成了可以灵活开合的折叠门，使通风和采光都变得更好，同时两个区域还可以根据使用需求合并或分隔。

# 状况五 过道窄又长，卧室却不够用

## 户型基本参数

**整体面积**：168 平方米

**横向长度**：16.4 米

**纵向宽度**：11.5 米

**层高（毛坯）**：2.83 米

## 状况描述

此案例无论是整个格局还是每个功能区的格局都是长条形，特别是厨房外餐厅以及通向客厅的过道这一段位置，狭窄且长，使人感觉非常不舒适，也造成了面积上的浪费。业主觉得现在的格局毫无特色，且不好摆放物品，并且缺少一个卧室空间。而且业主喜欢简约、纯净的感觉，想要大量地使用白色，如果布局上没有特色就显得很单调。

## 改造方案

重新划分功能区 + 斜置墙面

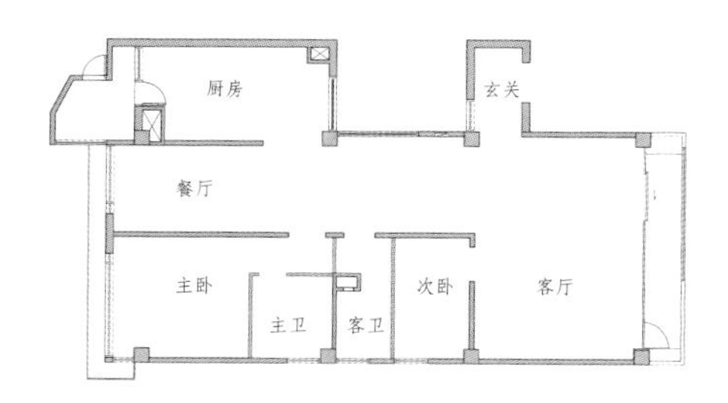


原始平面图

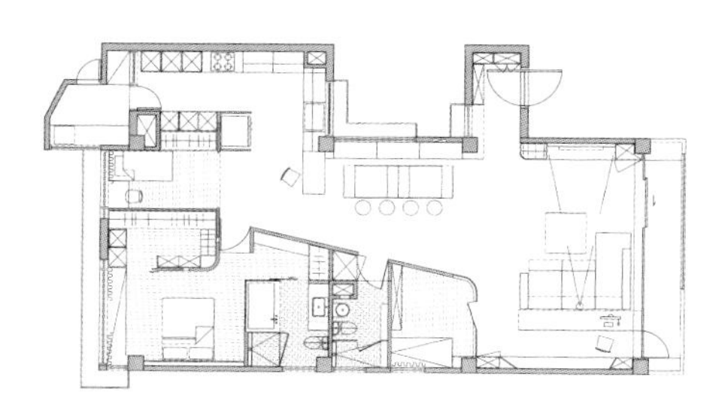

改造后平面图

1. 主卧室隔墙外扩增加了一个步入式的储物区，厨房外由餐厅改成了单人的客房，餐厅外移到中间的位置，通过增加功能区的方式，改变了这部分呈狭长的感觉。

2. 过道部分的直线墙改成了斜线，转角使用弧度，使公共区的面积显得更宽敞、比例更舒适，也让整体效果更具个性。

3. 原有餐厅的位置宽度不足，设计师将卧室一侧原有全部隔墙敲掉，从主卧室的门开始，让重建倾斜式的隔墙，到达客厅后换成了玻璃墙，制造通透感，让中间餐厅的位置更宽敞的同时，也让家居装饰更具个性。

## 改造 案例解析 Case analysis

次卧使用玻璃隔墙

用悬挂式柜子作为餐桌

橱柜台面延长作为吧台

## 改造小技巧

1.即使过道拓宽了但如果使用正常宽度的餐桌椅交通空间也会受影响，设计师在墙面下部分做了一排悬挂式柜子，下藏灯光，台面作为餐桌，内部可以储物，而后摆放一排餐椅，大大节约了占地面积。

2.为了让餐厨之间有联系，厨房侧面橱柜延伸出来一块做成小吧台。

# 状况六 过道超狭长，但是空间不能开敞

## 状况描述

在两侧较为规则的布局情况下，中间产生了一条狭长的过道，让人感觉压抑又憋闷，即使整体面积很宽敞，也让人觉得不够大气，其中书房空间的隔墙，业主并不想作开敞式处理。

## 户型基本参数

**整体面积**：205 平方米　**横向长度**：19 米　**纵向宽度**：10.8 米　**层高（毛坯）**：2.7 米

厨房开敞 + 书房部分墙面换成玻璃墙

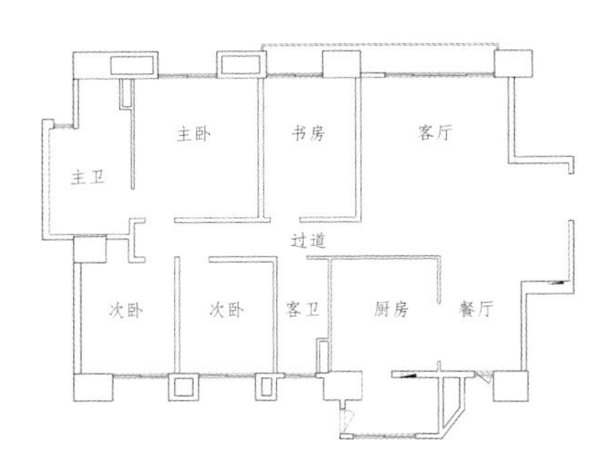


原始平面图

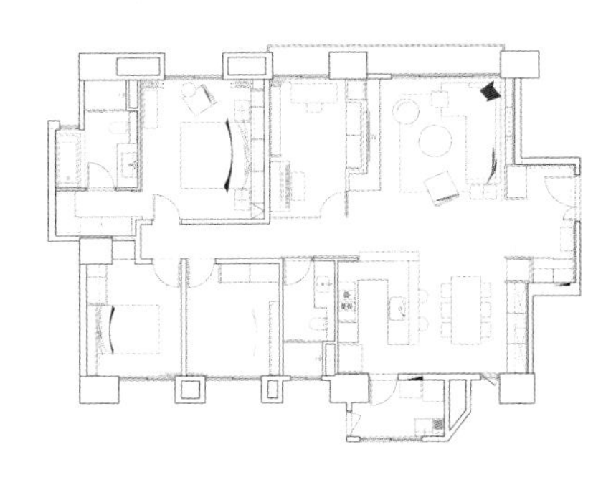

改造后平面图

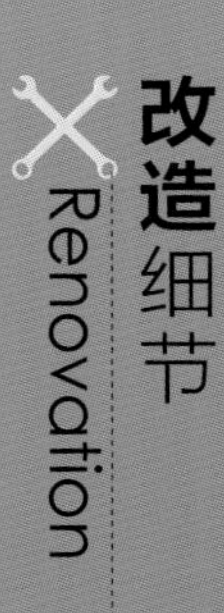


1. 从平面图上看，厨房的隔墙也是让过道显得狭长的原因之一，改造前厨房和餐厅的比例有些失衡，厨房面积大而餐厅显得有些拥挤，这种情况下业主选择将厨房的隔墙全部敲掉，用 L 形的岛台来间隔空间，增加餐厨这一区域的通透感。

2. 在厨房作开敞处理后，过道仍然有些狭长，而靠近餐厅的空间业主计划作为书房使用，并不想作开敞处理，想要隔音效果好一些，所以侧面的墙壁由实体墙换成了透明的钢化玻璃隔墙。玻璃墙具有良好的透光性，改造后的过道长度缩短，比例舒适。

## 改造 案例解析 Case analysis

透明玻璃隔墙

平开式玻璃门

## 改造小技巧

1. 客厅与书房之间隔墙的一部分也被改成了钢化玻璃材质，与侧面的玻璃门和玻璃墙组合起来更具整体感，光线的可穿透面积增大，让过道的采光变得更好。

2. 书房内的面积完全可以满足业主的使用需求，所以玻璃门并没有采取推拉式的，而是采用了平开式，大面积的玻璃门若使用滑轨还是存在一定的危险性的。

书橱为开敞式格子造型

厨房岛台同时兼作吧台　　部分玻璃增加通透感

## 改造小技巧

3. 书房中的书橱，全部采用了大小不一的开敞式格子造型，这样书籍就成了书房中最自然的装饰品，同时还方便摆放一些其他装饰物来丰富空间。

4. 厨房岛台可以同时作为吧台使用，为家居生活增加了一些乐趣。同时在这个位置通过电视墙旁通透的玻璃墙，还能够看到钢琴，看着弹奏乐曲的人来一杯小酒，可以度过悠闲的假日时光。

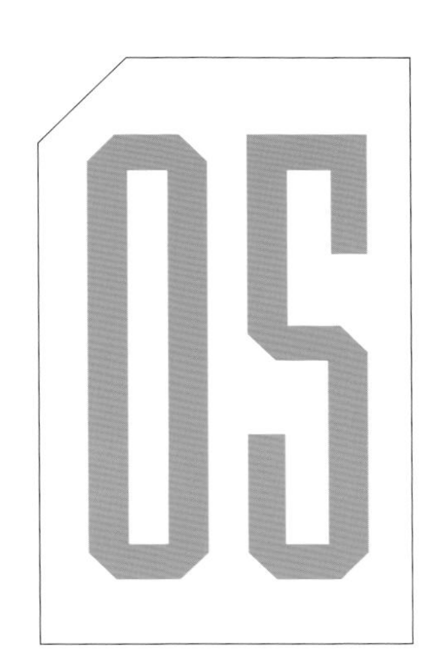

# 破解户型问题 五

# 畸零小空间，面积小难利用

面积大一些的户型中，经常会出现比较难以利用的畸零小空间，有的只能摆下一张单人床，有的甚至连床都无法容纳。当遇到这种小面积空间时，建议从周围空间的功能性来考虑，看是否可以去掉隔墙进行合并，将它们并入到其他功能区中，作为储存室、书房、更衣间等区域来使用；或者拆分成几部分，分别分布到其他区域中，让整个家居的每一部分都能够得到合理、舒适的利用。

# 状况一 130平方米，畸零空间却占大部分

## 状况描述

这是一个大户型，特点是房间很多，还有很多畸零的小空间，虽然整体很大，但是每个房间被挤得很小，业主觉得非常浪费，且家中人口较少，完全不需要这么多小房间。

## 户型基本参数

**整体面积**：204 平方米　**横向长度**：12.8 米　**纵向宽度**：16 米　**层高（毛坯）**：2.76 米

砸掉畸零空间的隔墙，重新整合分配

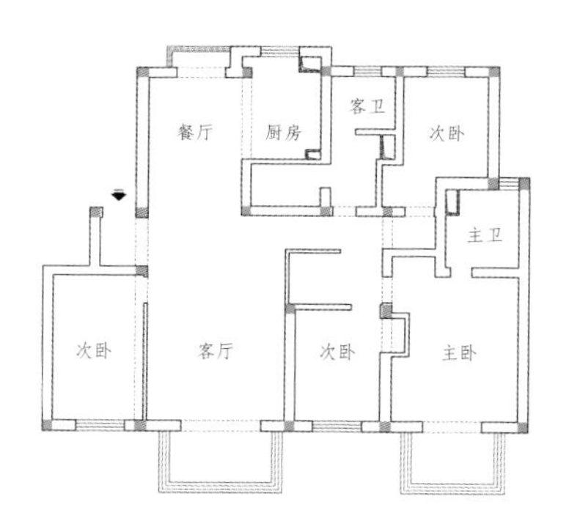


原始平面图

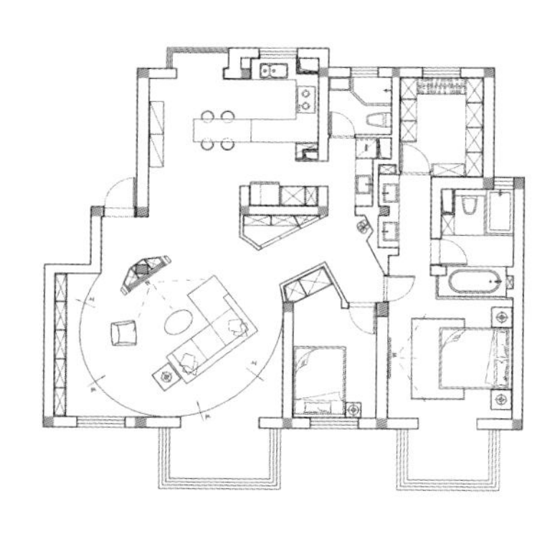

改造后平面图

1. 公共区显得很拥挤，在客厅的左侧有一个小房间业主是完全不需要的，将其敲掉，让客厅变得更加宽敞。并在地面部分设计了弧形的地台，将电视柜做成可旋转式，增加个性的同时提高使用上的便利性。

2. 将过道区域重新整合，砸掉了一些无用的隔墙，使畸零空间化零为整，原有直线形的过道规整成了斜线形，使动线更合理。

3. 与客卫相邻的次卧室改建成了步入式的更衣间，主卧与其之间的隔墙砸掉，改成直线，并将卫生间内的洗手台移出来放在此处，让卫生间有更多的空间。同时更衣间的入口从主卧进入，使用更方便。

## 改造 案例解析 Case analysis

可旋转电视柜兼作隔断

厨房开敞彰显宽敞感

## 改造小技巧

1.电视墙做成了可旋转式的造型，当人在餐厅时，如果想要观影，也可以通过旋转来满足需求。同时还具有隔断的作用，可以阻隔门口的视线，保护隐私。

2.厨房开敞后，公共区变得更加宽敞明亮，去掉了两面隔墙，空间利用起来更便利，不仅冰箱有位置摆放，还增加了一部分吧台。

# 状况二 面积大但客厅小，电视墙都无处放

## 状况描述

此案例的面积有 144 平方米，看起来非常宽敞，但客厅的一侧并没有建立隔墙，而是一个完全开敞式的空间。与次卧平行的空间作主卧使用，业主还嫌缺少一个房间，且客厅没有适合的电视墙位置。

## 户型基本参数

**整体面积**：144 平方米　　**横向长度**：12.7 米　　**纵向宽度**：11.3 米　　**层高（毛坯）**：2.6 米

## 改造方案

重新建立间隔，使区域划分更合理

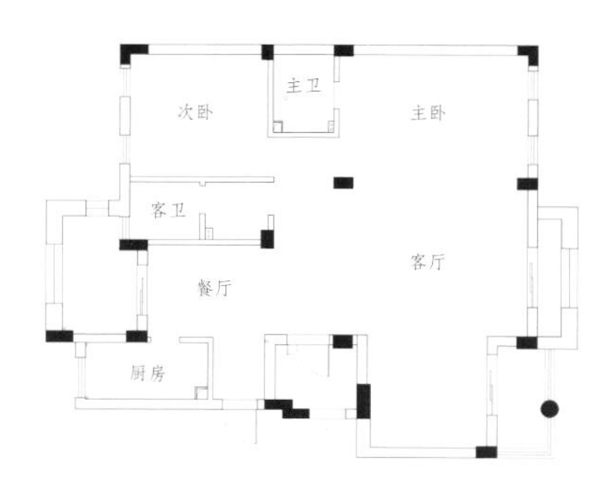


原始平面图

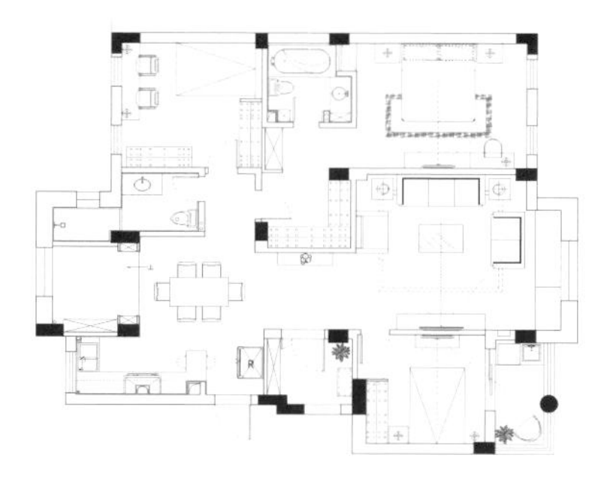

改造后平面图

1. 客厅区域实际上留出了主卧的位置，但做了间隔后，仍缺少一个房间，且没有合适的位置摆放电视，所以下方带有阳台的小方形空间同样做了一道隔墙，划分出一个小卧室，同时隔墙用作电视墙。

2. 现有的主卧空间若沿着柱子的走势建立隔墙，储物空间不能满足需求，所以将客卫干区隔墙砸除，将过道内的小方形空间包括进主卧，做成了一个拐角式的空间来摆放收纳柜，同时使沙发区形成了内凹的形式。

3. 主卧面积扩大后，餐厅就显得有些小，将厨房与玄关之间的隔墙全部敲掉后，餐厅与阳台之间的推拉门也敲掉，让餐厨区域显得更加宽敞。

# 改造 案例解析
Case analysis

次卧隔墙兼作电视墙

橱柜拐角做成小吧台

## 改造小技巧

1.使用隔断墙间隔客厅后，多出了一个次卧室，同时电视后方也有了依靠，使客厅的比例看上去更舒适。

2.厨房开敞后，与玄关之间的拐角处做成了一个小吧台，非常简洁，仅由橱柜台面和立柱组成，不仅扩大了操作面积，还同时多了一个小的休闲空间。

# 状况三 过道小且都是门，却占据中心区

## 户型基本参数

**整体面积**：87 平方米

**横向长度**：12.7 米

**纵向宽度**：9.8 米

**层高（毛坯）**：2.75 米

## 状况描述

从平面分布图上可以看出，未改动之前的户型，公共区非常宽敞，两个卧室的面积也能够满足使用需求。但有一个明显的缺点，玄关和卧室之间的转折点是一个小过道，面积非常小并且四周全部都是门，导致这部分很难利用起来，分化了一部分面积，使卫生间变得非常狭小且拥挤。

## 改造方案

去除无用小过道，扩大卫生间面积

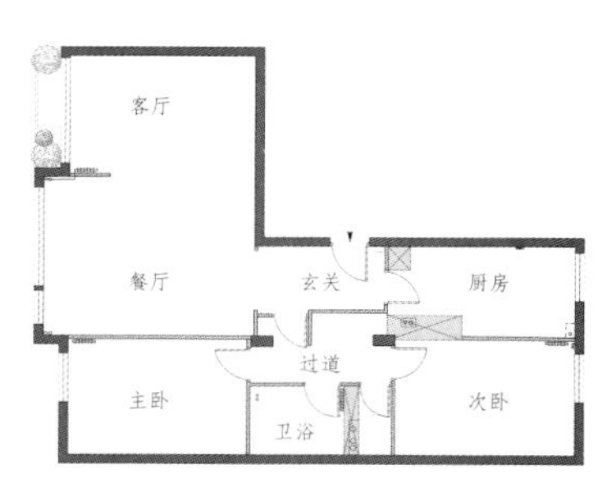


原始平面图

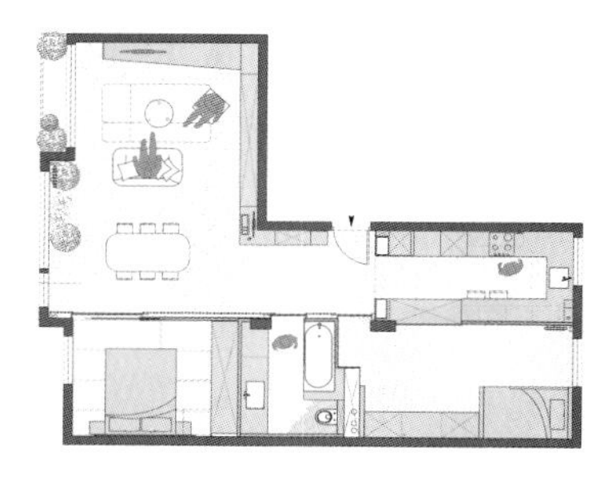

改造后平面图

1. 改造的主要部位是占据了中心位置的无用小过道，砸掉了玄关与过道之间、过道与卫生间之间以及卫生间与次卧室之间的隔墙，之后重新用隔墙将墙面与厨房拉齐，分别扩大了卫生间和次卧室的面积。

2. 卫生间面积变大，可以放下浴缸、马桶和洁面盆，充分满足了业主的使用需求。

3. 次卧室墙面拉长一部分，由于作为儿童房使用，所以使用的是单人的子母床。延长出的一部分空间可作为储物空间，做了个柜子，用来收纳儿童的衣物和杂物。

## 改造 案例解析 Case analysis

电视柜可兼作座椅

卧室使用镂空推拉门

卫生间也使用推拉门

### 改造小技巧

1. 公共区的面积很宽敞，设计师将侧面墙做成了柜子，用来增加收纳量。同时电视柜与柜子结合，感觉非常整体，并将其做成斜线式造型，较宽处还可以作为座椅使用。

2. 入户门对面的墙面全部采用木条制作，主卧室、卫生间以及次卧室的门采用相同材质，但木条倾斜且镂空的推拉门，节省空间的同时组成了非常个性的背景墙。

# 状况四 卧室小还带拐角，只能放下单人床

## 状况描述

这是一个中等面积的户型，未改造之前有三个卧室空间。而业主并不需要这么多空间十分小的卧室，仅需要一个主卧室和一个客卧室，并希望客房可以做成榻榻米。

## 户型基本参数

**整体面积**：81 平方米　**横向长度**：10 米　**纵向宽度**：10 米　**层高（毛坯）**：2.85 米

次卧合并入主卧，客房使用榻榻米

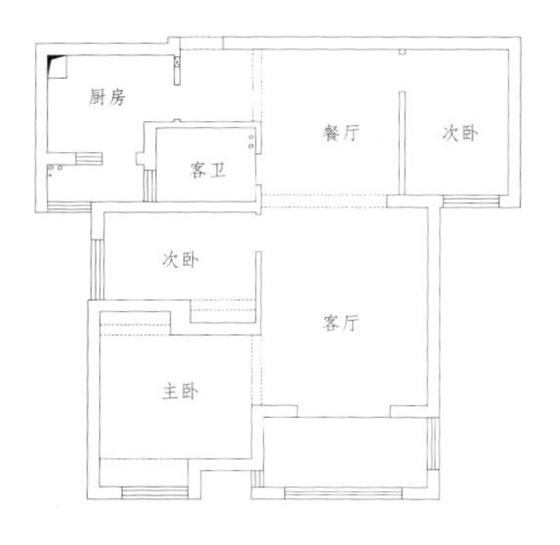


原始平面图

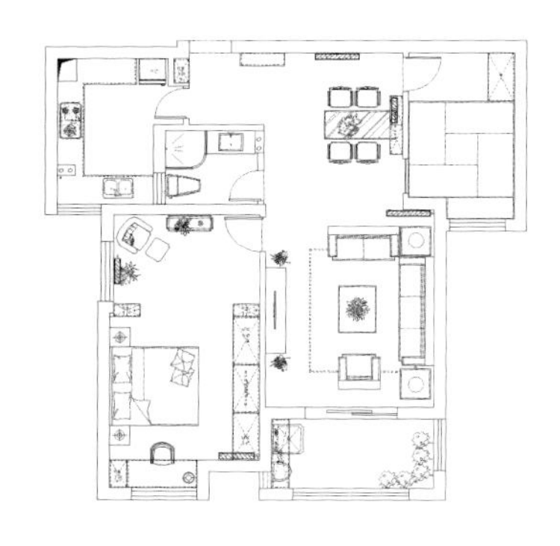

改造后平面图

1. 首先解决卧室较多的问题，主卧隔壁的次卧室面积较小，于是将两者之间的隔墙砸掉，合并成了一个空间。卧室与厅的隔墙延长，门使用原来次卧的门，客厅电视墙变长，比例更舒适。

2. 与餐厅相邻的次卧室作为客卧室使用，应业主的要求，做成了榻榻米的形式，可坐可卧。

3. 厨房面积较小，但却被分成了两部分，中间有一个门连窗，内侧非常窄小。为了扩大厨房的面积，使橱柜更好摆放，砸掉了中间的门联窗，使空间变成了一个整体。

## 改造 案例解析 Case analysis

客房榻榻米可坐可躺

结合窗的外凸做书桌

## 改造小技巧

1. 客卧室做成了榻榻米的形式，既可以招待客人时作为睡眠区使用，平时还可作为休闲区，使一间房有了多个功能。

2. 合并后的主卧室面积更宽敞，业主希望可以有一个工作区，刚好窗是外凸形的，于是利用这部分摆放书桌，显得更整体。

# 状况五 难利用的小空间，挤掉了卧室面积

## 户型基本参数

**整体面积**：140 平方米

**横向长度**：16.2 米

**纵向宽度**：13.3 米

**层高（毛坯）**：2.75 米

## 状况描述

这是一个L形的户型，虽然面积不小，但因为房间多且比较分散，所以每个空间面积都不大。业主表示大部分的空间还是可以满足使用需求的。至于比例上，不满意的地方在于过道集中在一侧，且没有自然光照，所以显得又窄又长。而使用功能上，仅需要两个卧室，同时希望主卧室可以大一些，现在主卧室门口的拐角小空间不好利用，显得多余。

敲掉隔墙空间充足，去除畸零空间

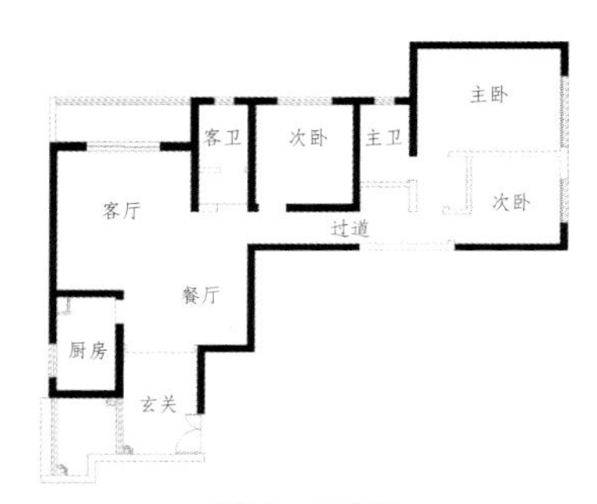


原始平面图

改造后平面图

## 改造细节 Renovation

1. 入户门对面的小空间隔墙敲掉，做成了一个收纳区，使用柜子作间隔，增加玄关的收纳量。

2. 主卧室和相邻的次卧室进行合并，将中间的隔墙全部敲掉，主卫的隔墙同样敲掉，将主卧室的门改在了正对客厅的方向上，主卧室内原来的畸零空间被规整，同时还缩短了过道的长度，让整体比例更舒适。

3. 主卫隔墙被敲掉后，门的位置不变，其余部分用玻璃作间隔，长度与次卧室的墙壁拉齐。

4. 客卫内的隔墙被敲掉，用玻璃推拉门作干湿分离，使空间更宽敞。

## 改造 案例解析 Case analysis

原有次卧作为工作区

主卫使用玻璃隔墙

### 改造小技巧

1. 去掉了主卧和次卧之间的隔墙后，空间变得非常宽敞，将原有次卧的区域做成了一个工作区，使私密空间的功能更完善。

2. 主卫的隔墙由实体墙换成了透明的钢化玻璃隔墙，整个主卧变得更具通透感，让人感觉非常明亮、宽敞。

# 状况六 狭窄小空间，面积小且毫无用处

## 状况描述

改造前的原始户型中，主卧和与其平行的次卧之间有一个长条形的狭窄小空间，面积很小且没有采光，是预留给业主作储藏间使用的，然而业主却觉得这个空间像“鸡肋”，既没有采光使用起来也不方便。

## 户型基本参数

**整体面积**：73 平方米　**横向长度**：13.8 米　**纵向宽度**：8.8 米　**层高（毛坯）**：2.6 米

## 改造方案

更改门的方向，将小空间并入主卧内

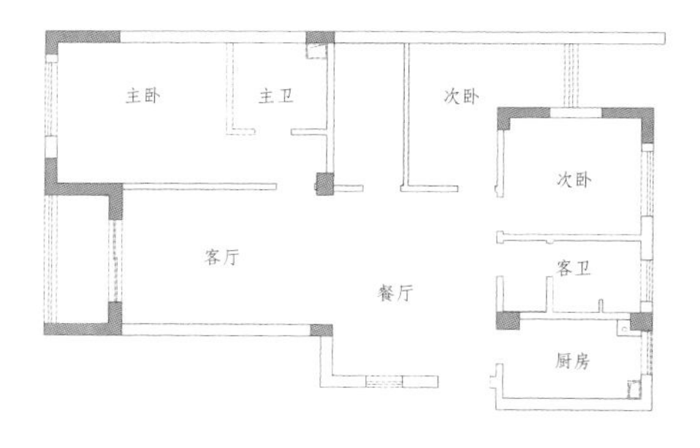


原始平面图

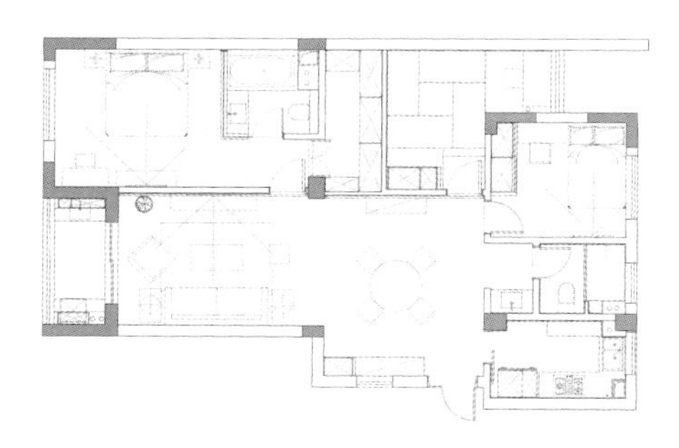

改造后平面图

1.既然是作为储物间使用，业主觉得将这个小空间并入主卧室中使用更方便。设计结合这一需求，将原有的门封死，在主卧室重新开门，并采用双开门，敞开式可以让主卧中的光线无阻碍地进入。

2.为了减少光线的阻碍，主卫隔墙上半部分换成了透明的钢化玻璃，让整体空间显得更宽敞、通透。

3.储物间隔壁的次卧室，业主希望具有多种功能，除了可以作客房外，最好可以具有休闲功能，还能安放一张书桌，最后决定做成榻榻米，可坐可卧还能够储物。

## 改造 案例解析 Case analysis

原储物间门封死

储物间在主卧内开门

玻璃隔墙使光线更充足

### 改造小技巧

1.减少了储物间原有的门后，主卧室及次卧室的门、与客厅电视墙和餐厅背景墙做了一隐藏式的设计，使公共区看起来更美观。

2.储物间在主卧室开门后，使用起来更便捷，主卫隔墙改成透明玻璃后，可以让主卧室窗子进入的光线更无阻碍地进入储物间内，解决白天没有光线的问题。

# 状况七 难转身的小卫生间，破坏整体完美

## 户型基本参数

**整体面积**：115 平方米

**横向长度**：12.7 米

**纵向宽度**：9.8 米

**层高（毛坯）**：2.75 米

## 状况描述

业主的梦想是有一个独立的、宽敞的储物空间在主卧内，并且希望有一个可以享受沐浴时光的空间。现有的结构中，主卧室的面积比较小，内部有一个长条形小空间，此空间作为储物区过小，去掉门开合的面积后，基本无法摆放大一些的柜子，让人非常头疼，且现有的主卧面积也无法满足业主所希望达到的要求。

## 改造方案

去掉无用隔墙，合并重组空间

原始平面图

改造后平面图

## 改造细节 Renovation

1. 主卧室卫生间的面积不够用，将无用处的畸零空间隔墙砸掉，合并到主卫中，作为干区，原有主卫部分作为湿区使用。

2. 现有主卧空间无法满足业主的使用需求，将与其相邻的次卧并入主卧中，主卧门改成双开门，放在了原有次卧与书房相邻的隔墙上。

3. 次卧一部分做成了 L 形的储物空间，一部分用来摆放浴缸，满足业主喜欢泡澡的需求。

4. 主卧发生变动后，另一个卧室就多出了很多使用空间，顺势将其与过道的隔墙敲掉，并将门更改方向，扩大了使用面积。

## 改造 案例解析 Case analysis

次卧室门改变方向

黑镜柜面彰显时尚感

### 改造小技巧

1.次卧室的门由原来的过道侧面改在了过道正面，扩大了次卧室面积的同时，缩短了过道的长度，让公共区的比例看起来更舒适。

2.更衣间的壁柜，使用黑镜饰面，搭配顶面的灯光与白色的洁具和门，显得非常时尚，同时镜面材质具有反光的效果，可以扩大一些空间感。

书房增加壁炉式隔断

顶部留空摆放植物增加趣味性

3. 次卧室墙壁缩短改成更衣间后，书房空余的部位就变得比较多，设计师在此处应业主的要求设计了一处带有壁炉的隔断，增加书房的隐秘性。

4. 隔断上方并没有到顶，而是留出了部分空间，摆放一些装饰性的人造绿植，让它们略略垂下来，增加了一道具有趣味性的风景。

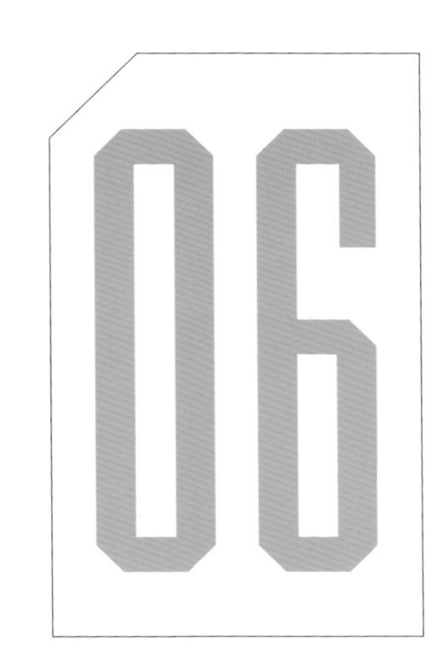

# 破解户型问题 六

# 收纳空间不足，物品无处安放

居家过日子难免会有很多需要收纳的物品，有的需要隐藏起来，有的则可以开敞式摆放。良好的收纳能够让生活看起来井然有序，但很多家庭都会存在有些物品无处存放的问题，尤其是一些小户型，收纳空间往往非常紧缺。除了最常见的用衣柜和书橱等可移动的柜体来收纳外，实际上，还可以利用家居空间中的边边角角来提高收纳容量，例如做地台或榻榻米，或利用楼梯下方的空间来储物，如果隔墙可以移动，还可做一体式的壁柜。

# 状况一 公共区为 L 形，缺少独立储物区

## 状况描述

这是一个方正的小户型，餐厅和客厅从平面图上看，是一个 L 形，相对来说都比较宽敞，所需解决的问题是因为卧室面积小没有足够的储物区，想要在公共区内设置一个步入式的储物间。

## 户型基本参数

**整体面积**：46 平方米　**横向长度**：6.5 米　**纵向宽度**：7 米　**层高（毛坯）**：2.78 米

在公共区内，划分出部分空间做储物间

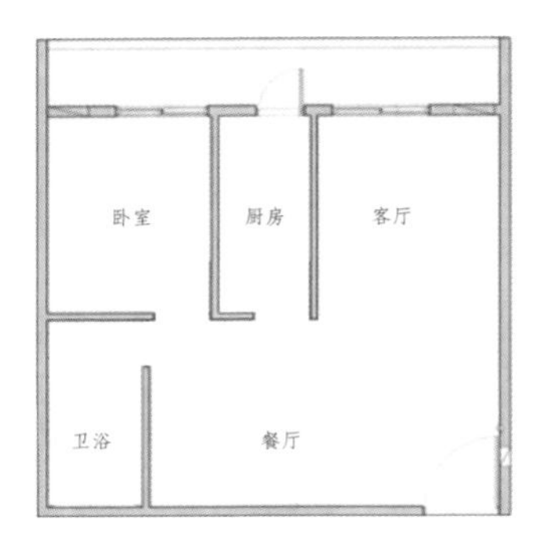


原始平面图

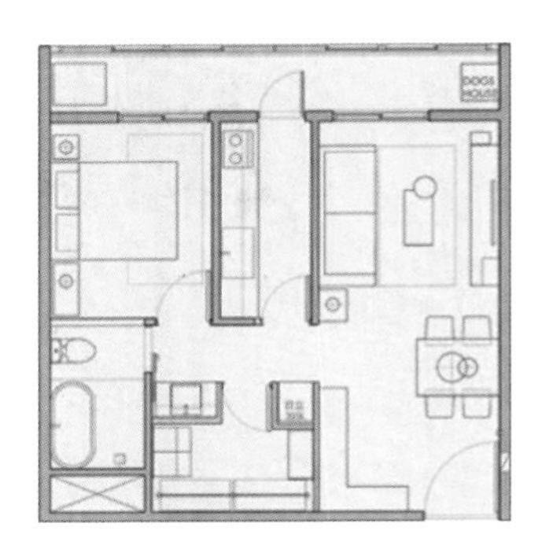

改造后平面图

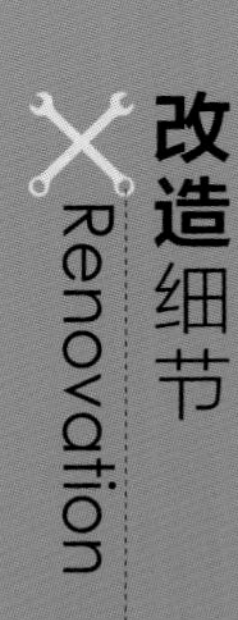

## 改造细节 Renovation

1. 将原来餐厅部分的面积缩小，使整个公共区变成一个一字形。原有餐厅的一部分用隔墙间隔起来，做成一个面积较小但是是独立的步入式储物间，满足业主使用需求。

2. 大门左侧预留出了足够的空间来摆放收纳柜，放置最近比较常用的衣物。

3. 储物间的外墙在搭建时，有意地将门两侧的部分做成了内凹的形式，刚好可以用来放置冰箱和洗漱盆，解决了卫生间和厨房面积过小无处摆放它们的问题。

## 改造 案例解析 Case analysis

### 改造小技巧

1. 在设计储物间隔墙位置时，提前在门边预留出了玄关柜和餐边柜的位置，可以解决部分收纳问题。同时储物间门一侧的隔墙作内凹设计，使冰箱外侧与墙持平，不会阻碍交通。

2. 储物间上层使用了一些独立的隔板，下层则均为各种悬挂杆，最大化地利用了有限的空间面积，满足各种物品的收纳需求。

# 状况二 看上去很宽敞，就是储物区不够用

## 状况描述

此户型虽然面积不大，但整体看起来每个空间的比例都比较舒适。虽然看起来功能空间较全面能够满足使用，但还缺乏比较具有容纳力的储物区。

## 户型基本参数

**整体面积**：54 平方米　**横向长度**：8.8 米　**纵向宽度**：9.8 米　**层高（毛坯）**：2.75 米

移动隔墙 + 卡座式餐椅提高储物率

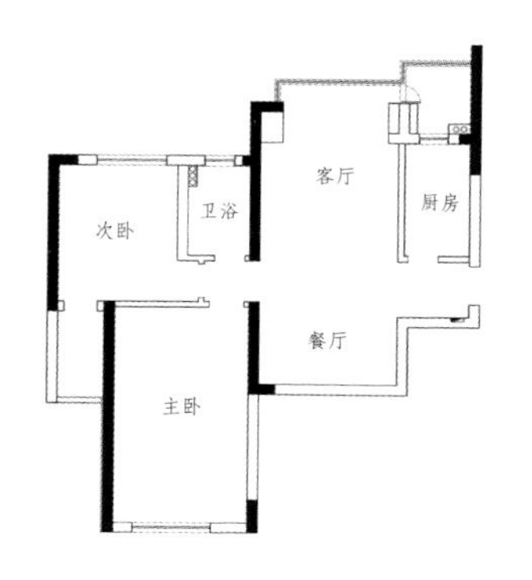


原始平面图

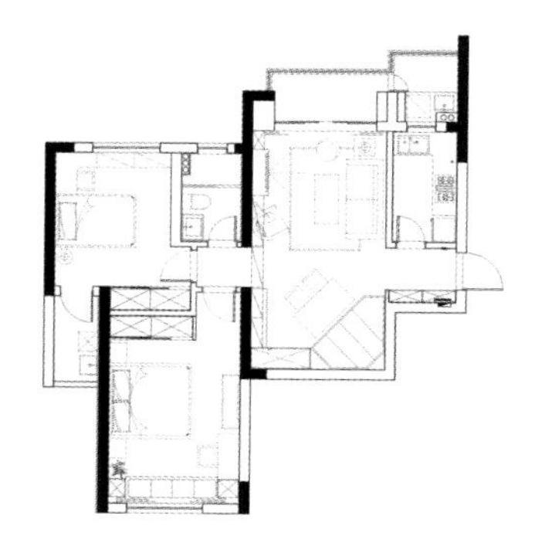

改造后平面图

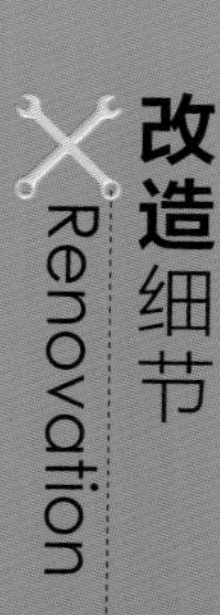


1. 将主卧室与过道之间的隔墙向主卧室的方向移动 600 厘米左右，以解决次卧室内无处摆放衣柜的问题。

2. 餐厅的面积比较小，原先仅能摆放一组餐桌椅而无处储物，设计师别出心裁地利用了墙角的位置，将一部分餐桌椅做成了斜置的卡座形式，多出了可以放置收纳柜的空间，卡座下方还可用来收纳一些不常用的物品，有个性又实用。

3. 玄关处增加了一小块隔墙，将鞋柜包裹了进去，看起来更整齐，也让卡座餐椅有了可延长的空间。

## 改造 案例解析 Case analysis

柜子与卡座做一体式设计

底部可储物

墙面安装隔板作收纳

底部柜子可收纳餐具

## 改造小技巧

1. 将卡座餐椅倾斜放置后，就多出了一部分空间，沿着卡座的宽度走势，做成了高度到顶的收纳柜，材质和色彩与卡座相同，整体而不显突兀。

2. 电视墙一侧的墙面空间被充分利用起来，餐厅一侧下方为餐边柜，用来收纳餐具，封闭式设计更卫生；上方均使用隔板，收纳书籍及常用小物，更方便取用。

# 状况三 玄关墙太短，无处安置鞋柜

## 户型基本参数

**整体面积**：45 平方米
**横向长度**：7.3 米
**纵向宽度**：6.2 米
**层高（毛坯）**：2.75 米

## 状况描述

这是一个面积为45平方米的小户型，原有结构中各功能区的分布基本可以满足业主的使用需求，所以位置不需要作改动。需要解决的问题有两个，一是玄关两侧的墙长度太短，没有可以摆放鞋柜的位置；二是卧室使用了实体墙，边界划分明确，所以内部面积有些小，缺少可以大量储物的空间。

改变卧室隔墙的形态，增加储物区

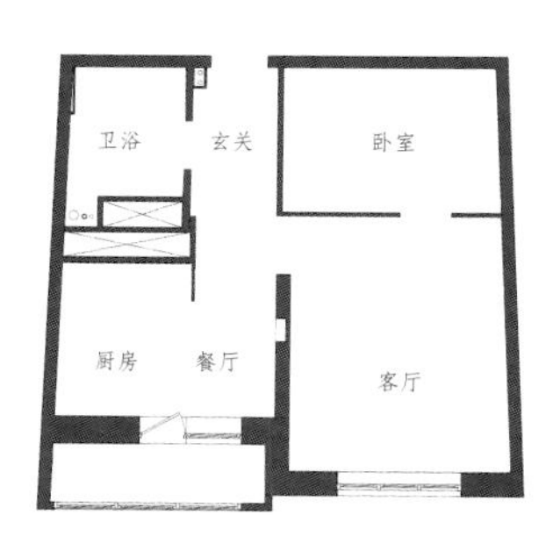


原始平面图

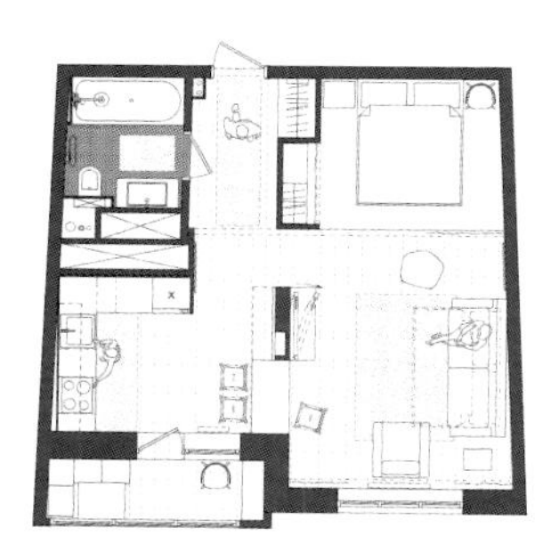

改造后平面图

1. 从整体来分析，卧室除了面积较小没有大量储物的空间外，内部没有窗所以无法享受自然光，而它的位置与玄关临近，所以最后去掉了卧室的隔墙，侧面做成了刚好可以放置两个收纳柜的造型，外侧用来摆放玄关柜，内部可以摆放衣物。

2. 卧室与客厅之间的隔墙全部敲掉，采用帘幕来进行隔断，同时没有使用传统的床，而是采用了地台，下方安装抽屉用来收纳。

3. 客厅与餐厅之间的墙壁，挖出了一个洞口，用来摆放吧台式的餐桌，十分具有趣味性，同时为厨房预留出了更多的操作空间。

## 改造 案例解析 Case analysis

地台内部可储物

墙壁内凹摆放壁柜

墙壁外凸用来收纳

### 改造小技巧

1. 卧室地面整体做成了地台，将床垫直接摆放在上面，目的是利用地台下方的空间来储物。设计成抽屉的形式是为了充分利用整个地台的面积，方便取用深处的物品。

2. 玄关柜做成了内凹式的壁柜，色彩与地面呼应，看起来更整体更整洁；卧室部分做成了外凸的造型，外侧与玄关柜持平，内部则采用了隔板、挂杆、拉帘等构件做成了一个小的收纳区。

# 状况四 房间很小，想要客卧还想要储物区

## 状况描述

虽然此案的面积不大，但各个区域的划分都比较合理。存在的问题是与主卧室临近的次卧室计划做成客卧，但同时主卧室内却缺少化妆台且储物空间不够。

## 户型基本参数

**整体面积**：77 平方米　**横向长度**：10 米　**纵向宽度**：7.7 米　**层高（毛坯）**：2.85 米

客卧隔墙换成柜子，并使用折叠床

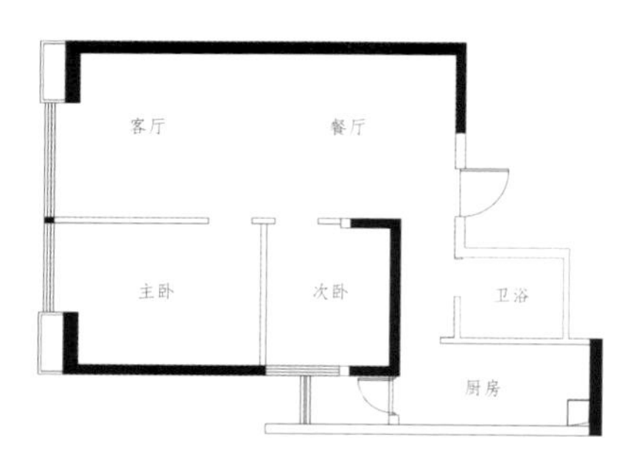


原始平面图

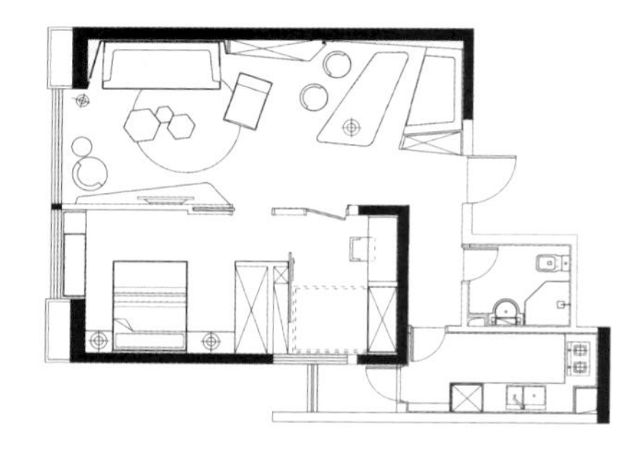

改造后平面图

1. 公共区比较宽敞，业主想要在玄关的位置摆放一个柜子，但又不想显得过于突兀。于是做出了一小块隔墙，将柜子包裹起来，并将一半的餐椅利用这个走势，做成了固定的卡座式。

2. 餐椅节省出的空间，安置了一个开敞式的书柜，可以用来摆放书籍和装饰品。

3. 次卧室沿着窗的方向将床做成了隐藏式的折叠款式，对面做成了隔板式的储物架，床的外侧则做成了梳妆台。

4. 客卧和主卧室之间的隔墙去掉，用柜子隔断，同时使用推拉门方便走动。

## 改造 案例解析 Case analysis

隔墙包裹柜子和餐椅

## 改造小技巧

1. 玄关处的隔墙虽然长度不长，却将玄关柜包裹起来，也让餐厅的卡座设计更顺理成章，使整个公共区看起来更整体、利落。

2. 隐藏式的折叠床可以直立地收纳到柜子中，不需要使用时可以让房间看起来更开阔，是主卧室的附属空间，有客人时将推拉门关闭后，又成为了一个独立的空间。

# 状况五 书房面积同卧室，无法储物很浪费

## 户型基本参数

**整体面积**：68 平方米

**横向长度**：9 米

**纵向宽度**：7.6 米

**层高（毛坯）**：2.66 米

## 状况描述

本案的业主是一个单身人士，并不需要两个卧室，所以计划将休息区的其中一个空间作为书房使用。存在的问题是家居整体面积不是很宽敞，如果现有结构不做改动，书房就占去了比较多的空间，同时没有足够的可储物空间。业主的诉求是既能够有一个小的书房又想要有更多的储物区，理想状态是可以有一个独立的步入式更衣室。

## 改造方案

卧室隔墙敲掉，直接用柜子做隔墙

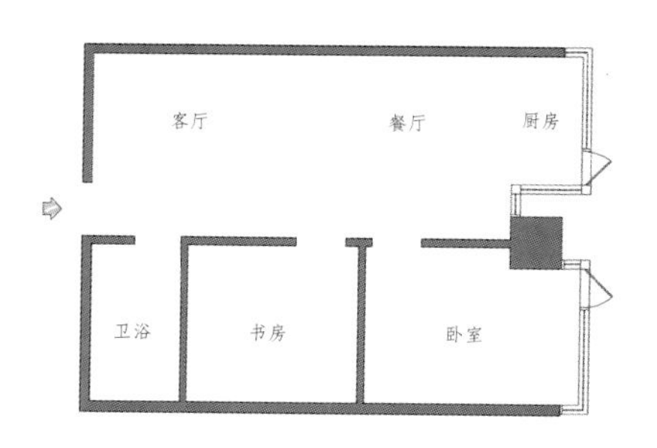


原始平面图

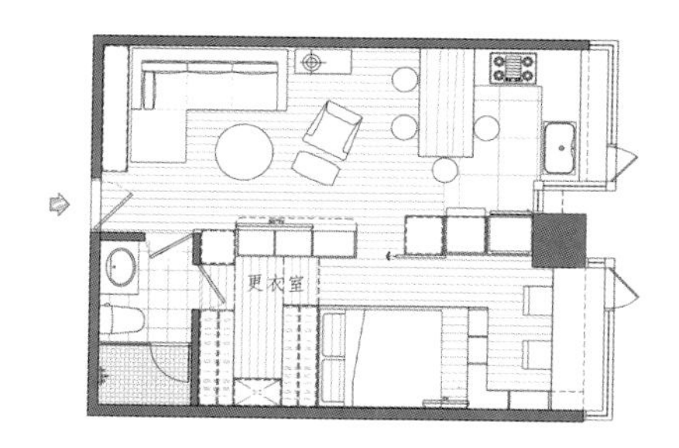


改造后平面图

## 改造细节 Renovation

1. 业主并不需要太大的书房空间，设计师与其商议后决定将书房和卧室合二为一，将现有的卧室区的隔墙全部敲掉，直接用柜子作隔墙。

2. 书桌摆放在窗前，椅子后方摆放一些矮的书柜，而后摆放床，床和卫生间之间的空间做成步入式的更衣间，靠床一侧的收纳柜同时作为隔墙使用。

3. 卧室与公共区之间的墙面也全部变成了柜子，一侧用来收纳储物，另一侧作饰面处理充当墙壁。

4. 为了使公共区看起来更宽敞，餐桌与厨房的橱柜结合起来，做成了一个小吧台，为客厅家具的摆放留出了更多的空间。

## 改造 案例解析 Case analysis

隔墙敲掉用柜子重做

部分封闭部分开敞

## 改造小技巧

1. 电视墙内部是步入式更衣间的柜子，厨房收纳柜的内侧同样也是卧室的墙面，将美观性和实用性进行了结合，提高了家居的储物量。

2. 电视墙内部的储物柜，一部分做成了封闭式的造型，一部分做成了开敞式的格子造型，可以满足不同物品的收纳需求。

# 状况六 只有一间房，书籍衣物却超多

## 状况描述

这是一个公寓式的单身居所，面积仅有 13 平方米，没有卫生间和厨房，如何在有限的空间内摆放床、书桌、电视并满足储物需求是需要解决的问题。

## 户型基本参数

**整体面积**：13 平方米　**横向长度**：4.3 米　**纵向宽度**：3 米　**层高（毛坯）**：2.65 米

将床和储物空间做一体式设计

原始平面图

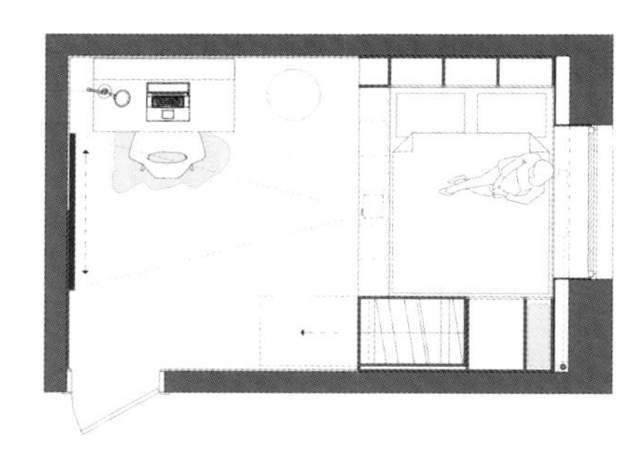

改造后平面图

1. 房间面积很小，如何增加储物量的同时还能够摆放床是首先要解决的问题。设计师首先划分出了两个区域，靠窗一侧作为收纳和休息区，靠门一侧则用来摆放书桌和安装电视。

2. 由于平面空间有限，所以设计师将立面空间充分利用起来，用各种柜体将床进行了包裹，底层的空间也没有浪费，做成了地台，无论是书籍、衣物还是杂乱的小物，都有了可以收纳的空间。

3. 床头靠窗摆放，并用投影仪取代了电视机来节省空间，这样床既可以用来睡眠也可作为沙发使用。

## 改造 案例解析 Case analysis

格子式收纳用来放书

立面为封闭式柜子

底部做成抽屉收纳衣物

投影代替电视

### 改造小技巧

1. 床的两侧空间被充分利用起来，一侧做成了不同大小的柜子，收纳杂物；而后充分利用顶面和柜子侧面的空间，做成了开敞式的格子，用来摆放书籍；床下方和另一侧空间做成了抽拉式收纳柜，分别用来折叠式和悬挂式存放衣物。

2. 舍弃了传统式的电视机，直接将墙壁作为投影布使用，用投影仪代替电视，坐在床上即可观影。

# 状况七 夹层户型，想要大容量的收纳空间

## 户型基本参数

**整体面积**：40 平方米

**横向长度**：10 米

**纵向宽度**：4 米

**层高（毛坯）**：3.5 米

## 状况描述

此案例的面积仅有 40 平方米，业主需要大量的储物区，目前同时满足客厅、餐厅和卧室的功能都非常困难。

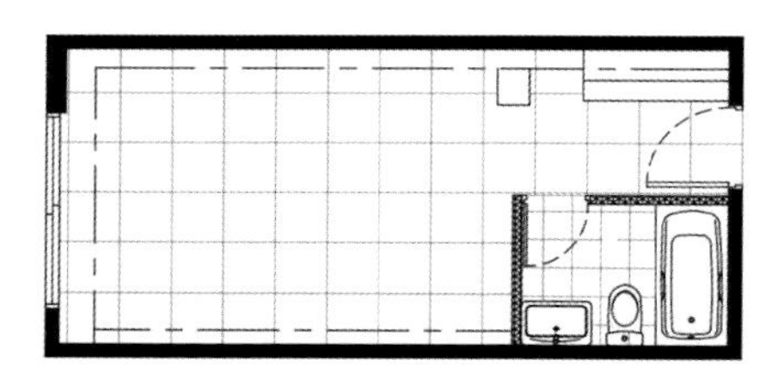

原始平面图

## 改造方案

增加一半夹层扩大面积，二楼作卧室

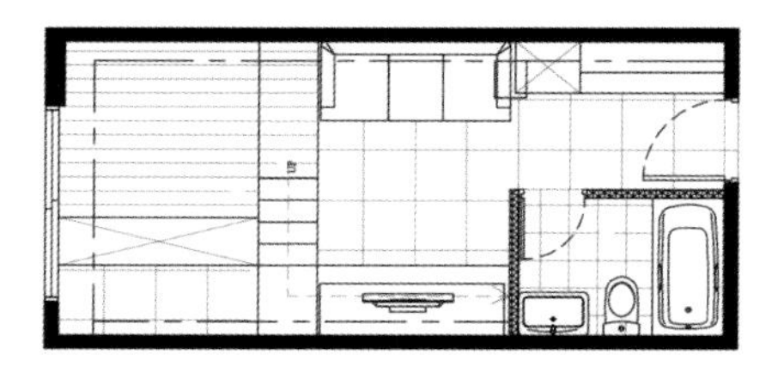

改造后一层平面图

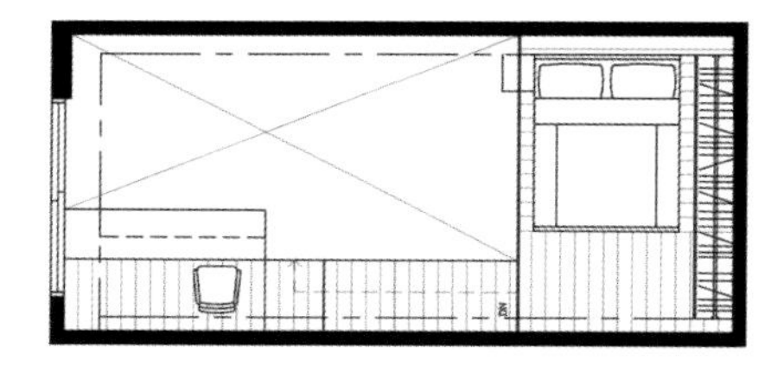

改造后夹层平面图

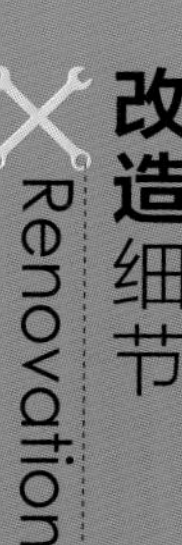

## 改造细节 Renovation

1. 平面空间不足，但房高却超出了一般的户型，有 3.5 米高，业主和设计师商议后决定利用高度的优势，将卫生间上方的空间做成夹层，用来摆放床，作为休息区使用，一层用作客厅和餐厅。

2. 由于需要大量的储物区，设计师将一切可利用的边边角角全部利用起来。如楼梯下方、夹层床内侧、电视机下方，而后结合业主的喜好，将餐厅设计成了地台的形式，下方做空，用来存放不常用的物品。

3. 楼梯与窗的中间也被利用起来，做成了一个比较大的收纳柜，用来存放衣物。

## 改造 案例解析 Case analysis

餐厅做成了中空地台

楼梯下方用来储物

床侧面空间做成衣柜

## 改造小技巧

1. 业主喜欢比较日式的东西，所以设计师将餐厅做成了地台的形式，外延与楼梯持平，不仅楼梯和地台下方以及窗和楼梯之间可用来储物，餐厅还可兼具休闲区的功能。

2. 房高不是特别高，所以夹层仅做了一部分，避免使人感觉压抑。由于高度的限制和业主的喜好，直接将床垫放在了地上，床内侧的立面空间用推拉门做成了衣柜，增加收纳量。

# 状况八 面积很小，衣物要隐藏书籍要开敞

## 户型基本参数

**整体面积**：23 平方米

**横向长度**：6 米

**纵向宽度**：3.8 米

**层高（毛坯）**：3.75 米

## 状况描述

面积较小，业主有大量的书籍和衣物需要收纳，怎么让家居看起来整洁同时拥有大量的储物空间是需要解决的问题。

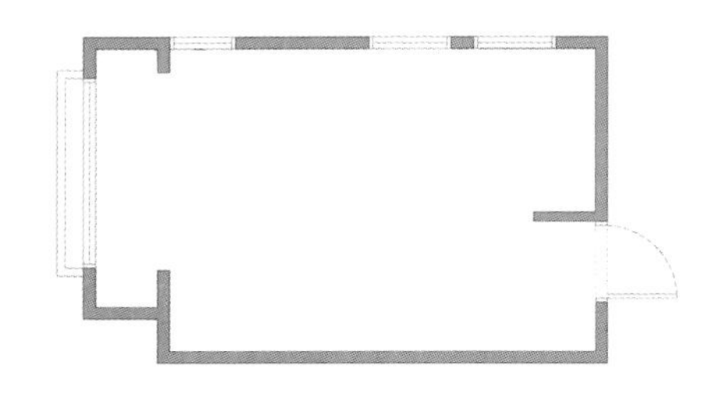

原始平面图

增加一半夹层扩大面积，二楼作卧室

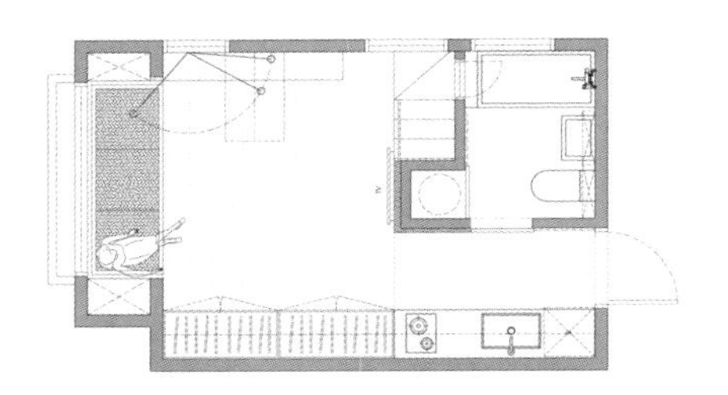

改造后一层平面图

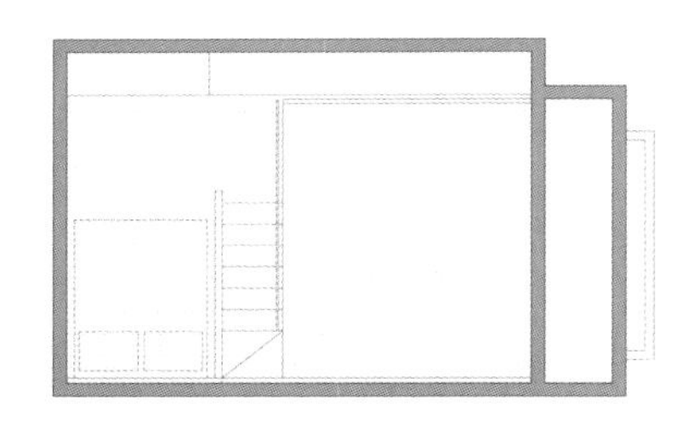

改造后夹层平面图

## 改造细节 Renovation

1. 一层的面积无法满足客厅、餐厅、睡眠及储物的需求，所以利用高度上的优势，将卫生间上方做成了夹层，设置睡眠区。

2. 业主是单身人士，并不需要太宽敞的客厅，所以一切的面积都被设计师利用起来，以满足收纳为设计的出发点。沙发做成了卡座式靠窗摆放，刚好可以嵌到凹陷的部位中，沙发底部和两侧均可用来储物。

3. 门口较窄的一侧被作为了厨房，沿着橱柜的走势，将客厅一侧的墙面全部做成了柜子，下方为封闭式造型，上方则为开敞式的格子造型，存储不同种类的物品，楼梯下方也没有浪费，同样做成了储物柜。

## 改造 案例解析 Case analysis

楼梯下方做成柜子

墙壁上方做成书橱

墙壁下方做成柜子

## 改造小技巧

1.通往夹层的楼梯被充分利用起来，下方悬空的部位做成了柜子增加收纳量，表面使用白色混油板作装饰，搭配木质踏步彰显整洁感和宽敞感。

2.厨房延伸过来的墙面结合橱柜的宽度，下方做成了与楼梯下方相同的白色收纳柜，上方则做成了格子式的开敞书橱，用梯子可以取用书籍。

安装隔板收纳及装饰

卡座式沙发，下方用来储物

## 改造小技巧

3. 设计师充分利用一切可以利用的空间，将沙发侧面内凹的部分，安装了隔板，用来收纳书籍，还可摆放一些小的植物及装饰品来作装饰。

4. 单身户型不需要大型的沙发，所以直接将沙发做成了卡座式的木质款式，下方做成抽屉式的，可以用来收纳物品。